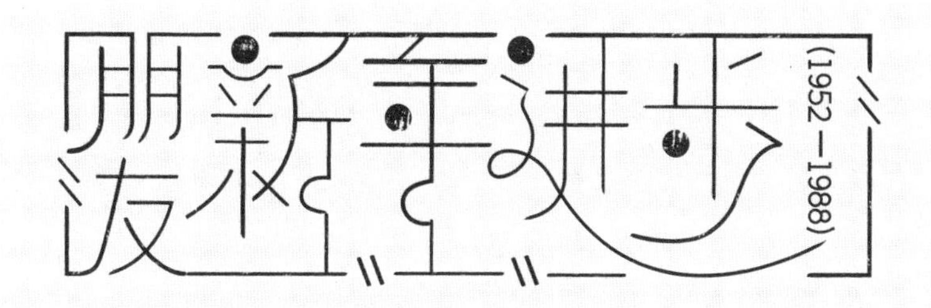

贺年片上的中国大学

刘宇　潘妍　编著

Friends, Make Progress

In The New Year 1952–1988

桂　林

作者简历

刘宇

武汉美术馆原副馆长，武汉纺织大学艺术与设计学院客座教授。长期从事美术展览策划和美术文献研究、写作，2017年出版《大桥》（与刘梦盈合著），2020年出版《时间开始了·武汉图艺志1949——1959》（与袁小山合著）。

潘妍

朗丁品牌咨询总经理，湖北省青年企业家联合会副会长，湖北省黑龙江商会常务副会长，民建湖北省文化委员会副主任，湖北省工商业联合会小微企业工作委员会副主任，武汉设计之都·独立设计师联盟轮值秘书长。

作者的话

贺年片作为一种表达新年祝福、传递友情的信物，相传在中国已有一千多年历史，始于唐，兴于宋，流行于明清。中华人民共和国成立以后，建立起新的政治、经济、文化制度，贺年片从内容、材质到工艺都有所创新。

大学贺年片（主要是照片版）主要流行于两个时期：20世纪50年代中期至60年代初期，热烈而优雅；80年代中期至90年代初期，自由而潇洒。之后随着电子媒介兴起，大学贺年片逐渐退出人们的视野。

我最初的想法是编辑一本大学贺年片集锦，这相对容易做到，但贺年片自身载体的局限性会减弱对历史图像价值的呈现。图文互补的方式是最好的选择，但无疑也是最大的挑战。

除了收藏国内大学在1952年至1988年这一时期的贺年片，还收集学校画刊、招生简章、毕业纪念册、奖状、文艺演出邀请函等资料5000余件，让我对大学办学体制、文化传承有较为完整的了解。通过对每份材料的细致挖掘，身临其境地体会当年大学师生的理想抱负、关心激励、惜别感伤，将这些真实的情感带入书中。

本书从这5000余件收藏中，精选500余张贺年片，在内容上，这些贺年片有着反映时代特点的共性，如画面中描绘的卫星上天、巨轮下海、钢花飞溅、五谷丰登……这些贺年片也同样体现了不同院校的专业特性与个性表达，例如，地质院校的勘探现场，航空院校的飞机展示，邮电院校的电波发射，文艺院校的演出剧照等，既体现了各类院校的学科建设成果，也构成了独有的视觉符号。

在表现形式上，这些贺年片多以校园建筑和景观照片为主，辅以手绘图案、纹饰、书法拼贴等装饰性图案，体现了特定年代的文化品位和审美价值。

在结构上，本书大体分为工学、农学、新中国的新大学和其他大学四个部分。“工学”和“农学”部分体现了院系调整背景下，中国高校的20个重点学科建设历程，侧面反映了时代发展特点；“新中国的新大学”简要梳理了1949年后15所中国大学的建设和变迁，并通过百余张贺年片体现了当时的校容校貌；“其他大学”则讲述了工学和农学之外的专业大学和特色大学建设。部分文章设有“再见母校”小节，作为延伸部分，收录了与文章主题相关的形形色色的大学贺年片。

除此之外，本书还选用了表现运动会、文艺演出、读书会、毕业纪念等校园生活的纪念性卡片，虽不是严格意义上的贺年片，但这些卡片也具有贺年片的功能（图片背后的新年寄语和落款时间可以佐证）。这些材料也能让我们对当时大学校园生活和大学生的精神面貌有较为直观的感受。

针对大学贺年片所具有的设计属性，本书装帧在借鉴过往历史图像的基础上，无论是在页眉页脚的图案设计上，还是在对大学贺年片的重新改造上，都做了新的尝试，把原有设计元素赋予当代表达，期望能给读者带来新鲜的阅读体验。

中国大学历史复杂，非本书所能承载。我主要围绕全国院系调整这条主线，通过对这一时期贺年片的解读，把贺年片本身的信息、学校变迁的节点有机地连接起来，既尊重历史，又扩大了想象的空间，增强了本书的叙事性和可读性。

从20世纪50年代初期的200多所大学发展到今天的3000多所高校，每一帧大学贺年片都承载了一代又一代教育工作者筚路蓝缕的创业历程，诉说着一段段有关青春、友谊、成长的动人故事。

目录 CONTENTS

Collection of Chinese University New Year Cards

1952-1988

1952 1988

贺年片上的中国大学

[illegible]

[illegible]

[illegible]

[illegible]

[illegible]

[illegible]

新年好
Xinnianhao

[illegible]

[illegible]

[illegible]

[illegible]

[illegible]

新年好
Happy New Year

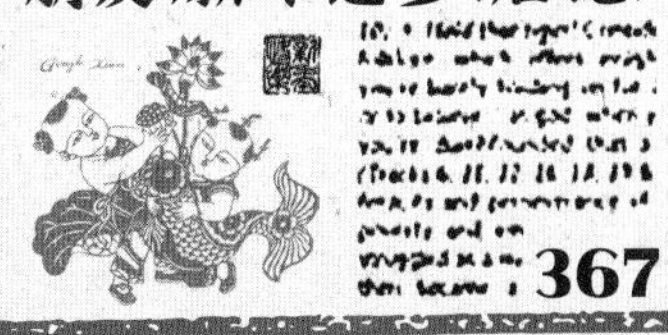

（引言）

七十年前，北京西北郊长满庄稼的田野上开辟了一条新路，取名“学院路”。当时的人们怎么也不会想到，这条普通的街道竟然和中国现代教育史上一连串重要事件紧密联系在一起。

20世纪50年代初，百废待兴的新中国制订了实现工业现代化的目标。面对即将到来的经济与现代工业体系的建设高潮，旧有高等教育制度与之极不适应。中央人民政府决定借鉴苏联教育体系进行院系调整，构建新中国高校制度。

这次院系调整的重点是取消私立大学，包括教会大学；仿照苏联教学模式，全国范围内的高校除保留部分综合大学外，按专业重新组合成立各类专业院校。

1952年秋，国家开始将华北、华东、东北地区定为院系调整的重要试点。

北京高校首先响应。中央有关部门在北京西北部建设“学院区”，由北京大学、清华大学、燕京大学、辅仁大学相关院系及许多专业学校合并组建了八个专业理工科高校。学院路西侧由南到北依次为北京航空学院、北京地质学院、北京矿业学院、北京林学院，东侧依次是北京医学院、北京钢铁学院、北京石油学院和北京农业机械化学院，并于1952年暑期陆续开始招生。

学院路建于1952年，1954年建成通车，这三年也正是中国高校院系调整轰轰烈烈进行的时期，暴风骤雨般影响了当时每一所大学，可以说，由此奠定了当今中国高校的基本格局。学院路上的八大院校，是新中国高校建设的缩影，也是中国高校院系调整过程中变迁、发展的个案与鲜活标本。

如今的学院路，已是高校林立，曾经的八大院校或改名，或易址，它们的过往慢慢被人遗忘。作为新中国高校调整的见证地，我们的故事就从学院路开始吧。

NEW YEAR

新年好

COLLECTION OF CHINESE UNIVERSITY NEW YEAR CARDS

身体好

学习好

工作好

1962

朋友，新年进步

北京地质学院

PROGRESS

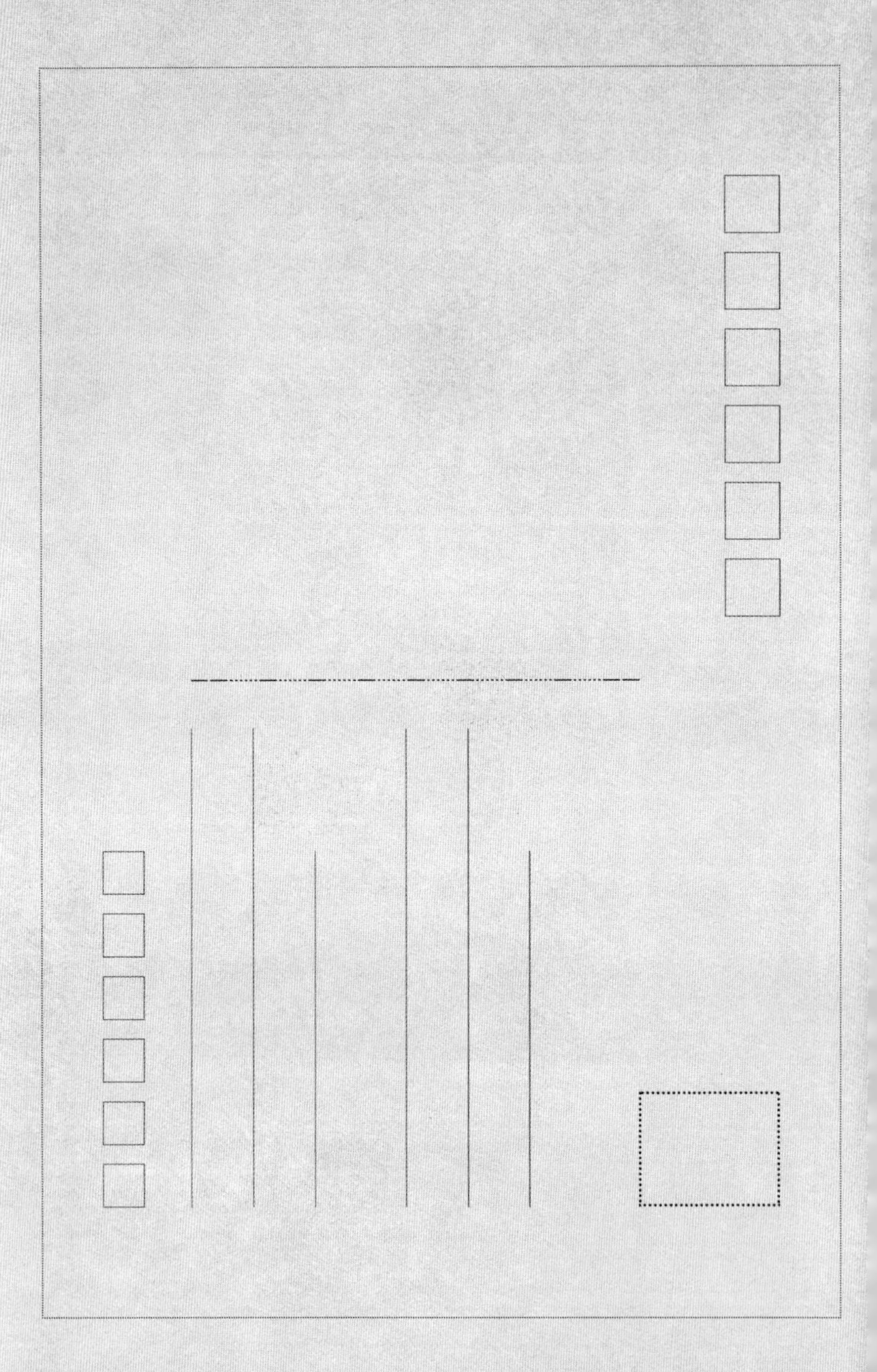

勘探队员之歌

是那山谷的风，吹动了我们的红旗

是那狂暴的雨，洗刷了我们的帐篷

我们有火焰般的热情，战胜了一切疲劳和寒冷

背起了我们的行装，攀上了层层的山峰

我们满怀无限的希望，为祖国寻找出丰富的矿藏……

20世纪60年代有部很火的电影——《年青的一代》，是由上海电影制片厂根据北京地质学院创作的话剧改编并拍摄而成的，电影主题曲《勘探队员之歌》也自然成为北京地质学院的校歌。

1952年11月1日，北京地质学院首届开学典礼仪式并不在学院路举办，而是借用北京大学工学院大礼堂。教育部、地质部、兄弟院校领导和全校师生1500多人见证了这一重要的历史时刻。地质部部长、著名地质学家李四光激动地说道："现在新中国办起了惊天动地的事业，航天学院是惊天，地质学院是动地，你们就是动地的勇士……你们是新的土地公公，土地婆婆！"

中国地质教育起步于19世纪末期，1895年在天津开办的中国第一所新式大学——北洋大学，开设了地质学相关课程。1909年，京师大学堂创办了地质学门。1949年，全国开设地质学科的高等学校仅有10所，从事地质、矿业的科技人员仅有299名，这与新中国工业化建设的目标极不相符。

北京地质学院由北京大学地质学系、清华大学地质学系、原北洋大学地质工程系、唐山铁道学院采矿系地质组和西北大学地质系组建而成。1957—1958年曾改名为北京地质勘探学院。

先后成立的地质院校有东北地质学院（先后更名为长春地质勘探学院、长春地质学院）、西安地质学校（西安地质学院）、宣化地质学校（河北地质学院）、成都地质勘探学院（成都地质学院），这些学院为培养新中国地质专业人才做出了重要的贡献。

新年快乐
成都地質學院

为祖國培养
建設人才
—院長—
長春地质勘探学院
1952-院庆-1957

新年进步
河北地質學院

恭賀新禧
武漢地質學院

1969年，受国内外形势影响，中央决定将北京地质学院等13所高校（多为“农、林、地、矿、油、水、电”等工科学院）外迁至山东、河北、陕西、湖南、湖北、安徽等地。

1970年10月，北京地质学院迁往湖北江陵县，更名为湖北地质学院；1975年，整体迁至武汉市，更名为武汉地质学院。

1987年，经国家教委批准，武汉地质学院更名为中国地质大学，之后武汉、北京两地独立办学，成为我国地质领域人才培养的摇篮。

时间来到1956年，北京地质学院迎来了首届毕业典礼，同学们在即将奔赴祖国的四面八方之际，筹资在校园塑立了一尊地质工作者雕像。高高

的台基上，一位体魄雄健的男青年左手执矿石，右手紧握地质锤，腰系罗盘，身背双肩登山包，充满了力量感。我们在地质学院的贺年片上，也能看到地质勘探队员身背行囊，拄着登山杖，踏雪攀登山峰的场景。如果说这类图像是地质队员真实生活的反映，那么地质学院的雕塑则是广大地质工作者形象的艺术再现。此后，这尊雕像多次出现在多个地质学院的贺年片上，和那首《勘探队员之歌》一起，构成了地质学院的文化基因和精神谱系。

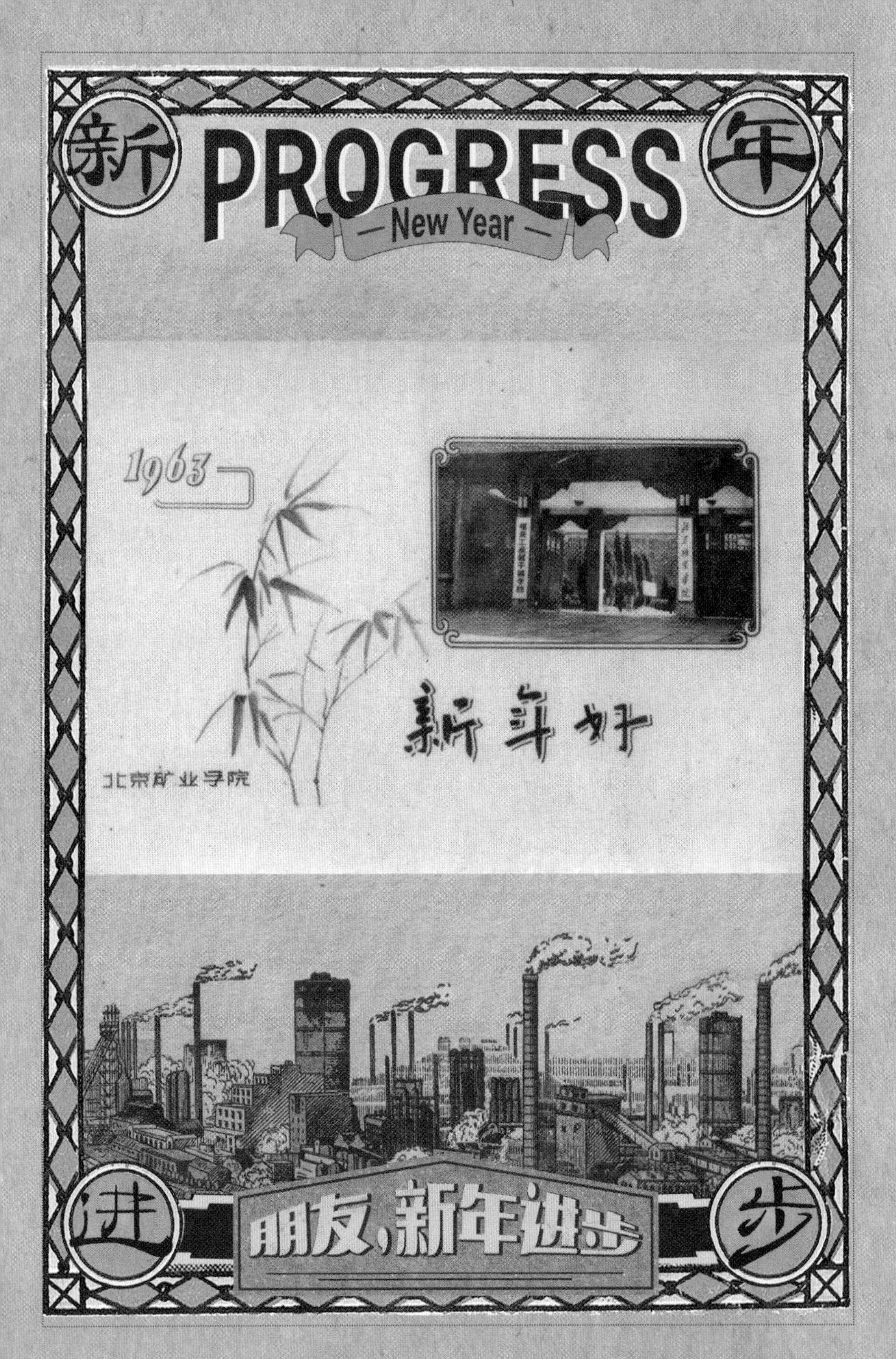
新
PROGRESS
New Year
年
1963
新年好
北京矿业学院
进
朋友，新年进步
步

我们的祖国

人类的春天

从浅兰（蓝）色的日子里

高高站起

这是苏联著名诗人马雅可夫斯基的诗句，被印制在当年北京矿业学院的贺年片上。

北京矿业学院的前身是英国福公司1909年创办的焦作路矿学堂。1950年，华北煤矿专

科学校并入焦作工学院，以此为基础，在天津成立了新中国第一所矿业高等学府——中国矿业学院。1952年，北洋大学、唐山交通大学和清华大学采矿系调整到中国矿业学院；翌年，学校整体迁至北京，在学院路上占据了一席之地，更名为北京矿业学院。

新中国成立之初，由于帝国主义列强的掠夺和多年的战争，近代开采的一些矿山破坏严重，设备陈旧破损，可采资源不明，矿产量极低。列宁曾说过，煤是工业真正的粮食，毛泽东还专门题词——“开发矿业”，道出了矿业在国家建设中的重要作用。新中国第一个五年计划要实现工业化的目标，就需要大量的矿产资源，矿业学院应运而生。

这期间，国家除扩建原有阜新、鹤岗，大同、淮南等煤矿开采设施外，还开发了平顶山、包头、石嘴山、榕峰、郎岱等煤矿，相继成立的以“合肥”“山西”“焦作”“阜新”“淮南”“山东”“黑龙江”“河北”

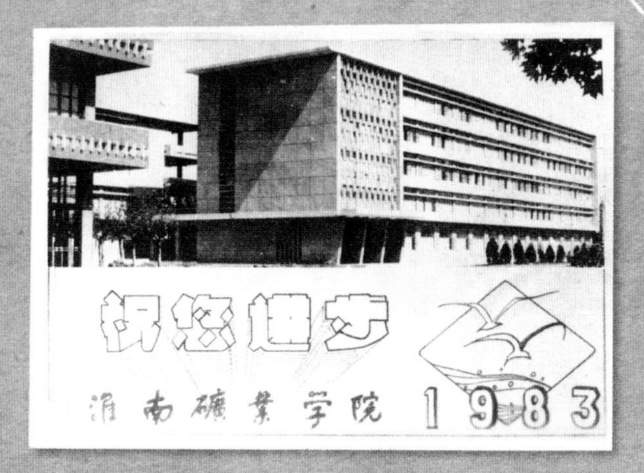
祝您进步
淮南礦業学院
1983

1980

祝您进步

和“中南”等为校名的矿业院校，它们大多分布在煤矿周边，培养了一大批国家矿业建设的精英，播下了中国采矿事业的火种。

如今，这些矿业学院得到了长足的发展，分别并入了工业、理工、科技等综合院校。北京矿业学院外迁时搬至四川，更名为四川矿业学院；1978年，又迁至徐州，恢复了“中国矿业学院”的校名，同时在北京学院路原址设立中国矿业学院北京研究生部；1988年，更名为中国矿业大学北京研究生部。并于2003年以“中国矿业大学（北京）”之名独立办学。

20世纪50年代，中苏关系进入“蜜月期”，苏联电影、音乐、文学、戏剧被大量引进中国。其中，高尔基的三部曲《童年》《在人间》《我的大学》和马雅可夫斯基的长篇史诗《列宁》《好！》，在中国广为流传。

马雅可夫斯基诗歌具有情节性和抒情性，强调意境、色彩和动感，激情奔放，深受北京矿业学院师生的喜爱。他们将这些诗句印制在学院的贺年片上。从这些发黄的照片中，我们还能够看到那个年代青春的底色，回味带着浅蓝色希望的日子——那是一个热烈而优雅的时代。

再见母校

新年快乐
北京礦業學院

祝您
新年快乐
1963

廣西矿业專科學校

“中国航天日”选在4月24日是因为1970年4月24日，中国第一颗人造卫星“东方红一号”成功发射升空。

飞向蓝天，是中国几代航天人的梦想。早在1951年，中国代表团赴苏联就争取帮助中国建设航空工业问题进行谈判时，就把发展中国的航空高等教育、建立自己的航空工业作为寻求苏联支持的重要项目。同年3月，国家对原有的大学航空工业科系做了初步调整，清华大学、北洋大学和厦门大学的航空系合并成立清华大学航空工程学院；云南大学航空系并入四川大学航空系；原中央工业专科学校航空科和华北大学航空系合并成立北京工业学院航空系。

1952年5月，根据周恩来总理要求开办专门的航空大学的指示和中央军委的决定，教育部对航空院系做出进一步的调整，正式筹建北京航空学院。1952年10月，在清华大学航空工程学院、北京工业学院航空系、四川大学航空系的基础上，汇集一大批高水平学者，成立了中国第一所航空高等学府——北京航空学院。

1952年，由交通大学、南京大学和浙江大学三校的航空工程系，合并成立华东航空学院；1956年又从南京迁至西安，成立西安航空学院；1957年与原西北工学院合并组建为西北工业大学。

同时期还成立了一些航空工业学校：1952年成立的南京航空工业专科学校，后升格为南京航空学院；1952年汉口航空工业学校成立，1954年迁至南昌，1956年改名为南昌航空工业学校，1960年升格为南昌航空工业专科学校，后来发展成今天的南昌航空大学；沈阳航空学院前身是1952年成立的沈阳航空工业学校；中国民用航空学院（简称中国民航学院）前身是1951年成立的民航局第二民航学校，2006年更名为中国民航大学。哈尔滨航空工业学校1952年招生，1958年并入哈尔滨工业大学。1963年又从哈尔滨工业大学分离出来，恢复原名。后参与组建华北航天工业学院（现北华航天工业学院）。

1956年，钱学森向中央提交《建立中国国防航空工业的意见》，随后成立了中华人民共和国航空工业委员会，标志着中国航空航天事业的开启。

1960年北京航空学院的贺年片上绘有火箭飞离地球奔月的图像，并印有“立雄心，树大志，征服宇宙”字样，十年后，1970年4月24日，中国第一颗人造地球卫星“东方红一号”发射成功，拉开了中国人探索宇宙奥秘的序幕。后来，北京航空学院、南京航空学院、沈阳航空学院都发展成为航空航天大学，培养了高素质人才，参与和见证了中国航空航天事业前进的历程。此后，“神州”升空，“嫦娥”奔月，“天问”奔火……如果没有航天航空高水平人才的培养，没有一代又一代航天人的努力，哪会有今天中国人太空舞步的身影。

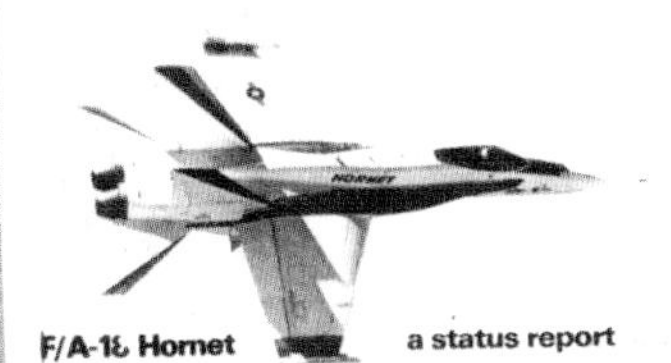

F/A-18 Hornet
a status report
AERONAUTICAL INSTITUTE
沈阳航空学院

1959
恭賀新禧
哈尔滨航空工业学校

1961
南昌航空工业專科学校
新年快乐

再见母校

恭贺新喜

中国民航飞行专科学校

现代钢铁工业始于19世纪初期，并在19世纪50年代迅速发展。到了1950年，全球钢铁产量1.89亿吨，其中美国8785万吨，苏联2733万吨，而中国仅有61万吨。

为了发展壮大钢铁工业，迅速培养冶金人才，中央人民政府确定在京津地区分别设立钢铁、地质、采矿等独立的专业院校。1952年，教育部与重工业部磋商，决定以北洋大学、

唐山铁道学院、山西大学、北京工业学院、西北工学院和清华大学等院校的采矿、冶金等相关科系为基础，成立中国第一所钢铁工业的高等学府——北京钢铁工业学院，一大批名匠巨擘从祖国四面八方汇集到北京西北郊的满井村。

建校之初，条件无比艰苦，一口“满井”不仅供养着全校几千名师生，而且它还是建筑施工用水的全部来源。1953年，在清华大学暂借办学一年的北京钢铁工业学院搬到了学院路，开启了“钢铁强国梦”的征途。

之后，国内一批钢铁工业学校陆续升格为钢铁学

院，如1953年的鞍山钢铁工业学校、中南钢铁工业学校，于1958年分别改为鞍山钢铁学院、武汉钢铁学院，1956年成立的包头钢铁工业学校后改为包头钢铁学院。

1957年，全国钢产量535万吨，1958年中共中央在北戴河召开政治局扩大会议，要把钢产量提高到1070万吨，号召全党全国人民为实现这一目标而奋斗。一时间，全国各地自制土炉，大炼钢铁，把炼钢这一专业技术变成了全民运动，一哄而起，盲目冒进，使国民经济发展遭受了严重的损失。

钢铁被视为国家发展的核心，国民经济的命脉。这也体现在当时钢铁学院的建设上。

曾隶属冶金工业部的高校有十余所，除钢铁学院外，还有冶金学院、工业学院等，现都改名为科技大学、工业大学。如北京钢铁工业学院于1960年改名为北京钢铁学院，现为北京科技大学，鞍山钢铁学院现为辽宁科技大学，包头钢铁学院现为内蒙古科技大学，武汉钢铁学院现为武汉科技大学。

“北大，清华，钢老三”说的是钢铁学院的地位，体现了国家的重视和扶持，这在当年钢铁学院的贺年片中也得到了进一步体现。北京钢铁学院的规划以苏联莫斯科钢铁学院为蓝本，主楼、配楼均是典型的苏式建筑风格，方正而简约。

中国的钢铁学院基本分布在钢铁工业基地周边，和钢铁大型企业形成产学研的关系，这些企业的技术骨干和领导人大多毕业于钢铁学院，1988年，北京钢铁学院更名为北京科技大学，这里也被誉为“钢铁摇篮”。新中国成立以来，特别是改革开放40年来，中国的钢铁工业发生了突飞猛进的巨大变化。据世界钢铁协会统计，2023年全球粗钢产量18.882亿吨。其中中国钢产量10.1908亿吨，占全球产量的53.97%，是世界最大的钢铁生产国。

再见母校

新春之禧
XIN CHUN GE XI

新年好

重庆钢铁工业学校

一九八四年

HAPPY NEW YEAR
北京石油学院
恭賀新年
1963
朋友，新年进步

20世纪50年代，中国被认为是“贫油国”，连北京长安街上跑的公交车，都顶着一个大煤气包。

1953年，以清华大学化工系、石油工程系为基础，汇集北京大学、天津大学等高校的石油石化等科系，组建了新中国第一所石油高等院校——北京石油学院。

“穷石油富钢铁，了不起的大矿业。”当时流行的这句话，说的是北京学院路上八大院校的教学条件。石油学院在原九间房村的校址，主楼还没有建起来，师生们在半是田野，半是工地的校园里举行了简朴的开学仪式。唯一竣工的一栋楼房，集学生宿舍、教学楼、办公楼、图书馆、医务室于一身。学生上课就在临时搭建的草棚里，没有道路和操场。

由于迟迟没有发现大油田，有的同学申请转去其他专业。1959年发现大庆油田，学校700名师生参加石油大会战，

把大庆油田变成了教学现场。住的是没有窗户的地窖，顿顿吃的是土豆，他们毫无怨言，一心想着要国家早点甩掉“贫油国”的帽子。

随着甘肃玉门和新疆、青海、四川等地的天然气基地以及大庆、胜利、江汉等油田的发现，国家又陆续开办了一些石油院校。1951年，西北石油工业专科学校成立，1958年更名为西安石油学院。1950年成立的北京石油工业专科学校，1954年更名为北京石油地质学校，1972年为参加江汉油田会战，迁到湖北荆州，更名为江汉石油地质学校，1978年更名为江汉石油学院。1960年东北石油学院成立，1975年更名为大庆石油学院。1958年四川石油学院成立，1970年更名为西南石油学院。

石油学院的贺年片，没有我们想象中石油大会战一类的宏大场面。除了东北石油学院的贺年片上有高耸的钻井图像，其他学校的贺年片几乎都是校园场景。从北京石油学院贺年片中可见其校园已具规模，校舍修建整齐。没料到，1969年，北京石油学院迁到了山东东营，更名为华东石油学院，加入胜利油田的开发。

1988年，中央批准华东石油学院更名为石油大学，由石油大学（北京）、石油大学（华东）两个分部组成；2005年，定名为中国石油大学（北京）、中国石油大学（华东）。只是，中国石油大学（北京）再也没能回到学院路，而是在北京昌平府学路上安家落户。

元
旦
Happy
new years
华东石油学院

再见母校
哈尔滨石油学校
新年好
1963
东北石油学院

北京石油学院

北京石油学院

北京石油学院

新年好
华北石油学校
丙寅年
HAPPYNEWYEAR

朋友，新年進步

上海交通大學

COLLECTION OF CHINESE

UNIVERSITY NEW YEAR CARDS

上海交通大学贺年片的题材多与轮船、火车相关，唯有一帧尤为特别：画面左上角，一株苍劲的古松凌空伸展，中间镶嵌着1962年年历，下方是五个英姿飒爽的女青年，身着民族服饰，依次排开，开弓搭箭，恰如“侧身仰视秋云开，飞鸟顾之不敢度”。

1961
新年快乐
西安交通大學

1981
恭賀新禧
西南交通大学

新年快乐
北方交通大學

交通大学为中国综合性研究型大学的系统名称，起源于1896年创办的南洋公学，为中国近代教育史中建校较早的高等学府之一。实行五校分立是在1949年以后。交通大学在历经多年的变迁后衍生出上海交通大学、西安交通大学、西南交通大学、北方交通大学和阳明交通大学，统称“中国交大五校”。

西南交通大学，历经唐山铁路学堂、交通部唐山铁路学校、交通大学唐山学校、国立唐山工学院等多个办校阶段。于1949年更名为中国交通大学唐山工学院；1952年更名为唐山铁道学院；1964年迁至四川峨眉；1972年，学校更名为西南交通大学。

北京交通大学也历经交通大学北京学校、北京交通大学、北方交通大学等办校阶段。1952年学校改称北京铁道学院。1978年恢复“北方交通大学”校名。2003年恢复使用“北京交通大学”校名。

1958年，中国台湾新竹成立交通大学电子研究所。1967年改制为工学院。1979年更名为交通大学。2021年更名为阳明交通大学。

1956年交通大学的主体内迁西安。1959年定名为西安交通大学。

上海交通大学曾历经南洋大学堂、交通大学上海学校、国立交通大学（上海本部）、交通大学上海部分等多个办校阶段，1959年定名上海交通大学。

1984年4月8日，交通大学校友总会在上海正式成立。大会通过的《交通大学校友总会章程》中写到，交通大学指“交通大学现有上海交通大学、西安交通大学、北方交通大学、西南交通大学、新竹交通大学”。

1996年是交通大学百年校庆，建校100周年纪念碑在上海交通大学徐汇校区中心广场落成。

2016年，同根同源的两岸五校首度同庆交通大学120周年。五所大学也将继续传承交通大学的精神。

再见母校

上海交通大學

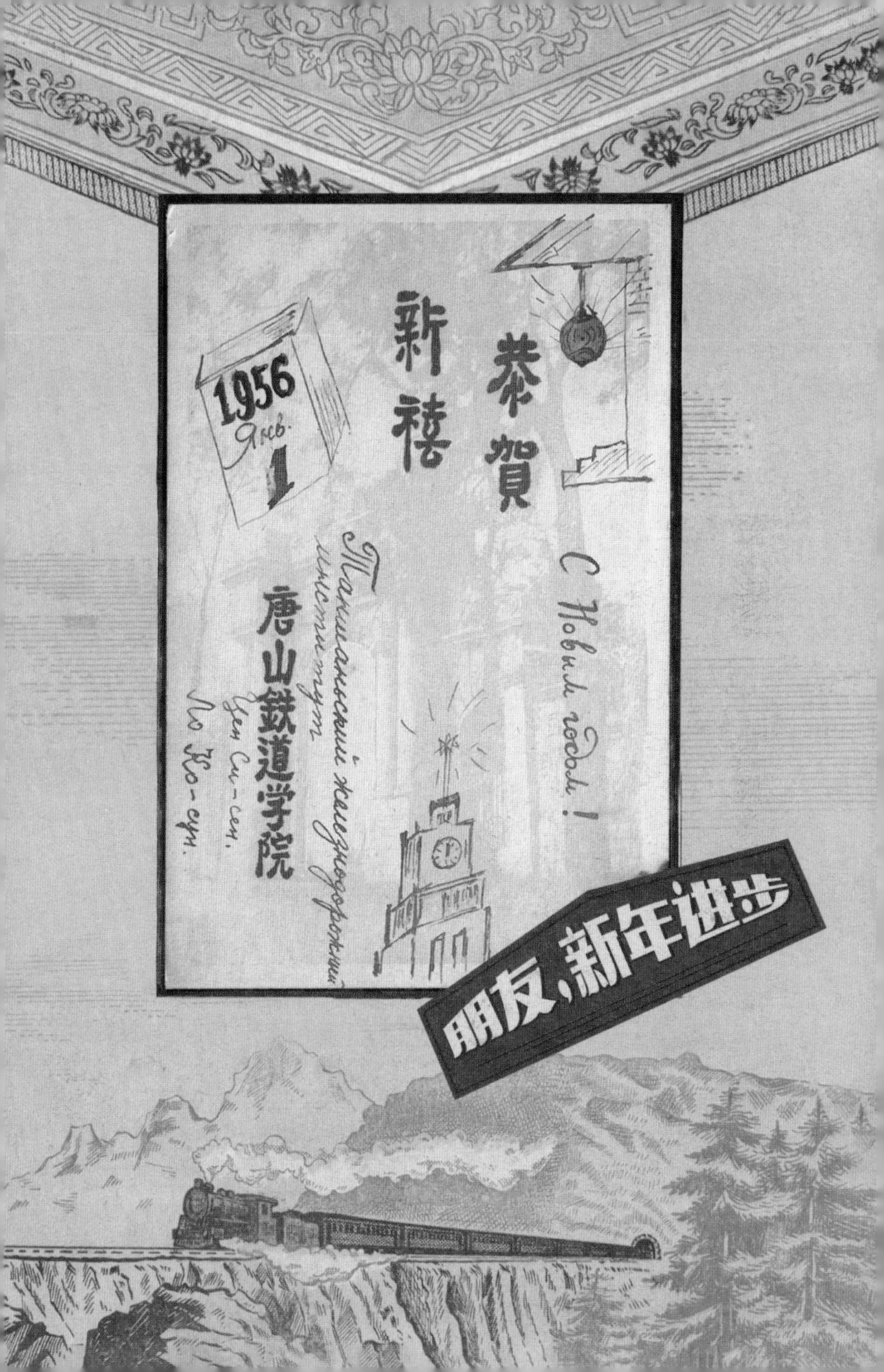
恭賀
新禧
1956
Янв.
1
С Новым годом!
Таншанский железнодорожный институт
唐山鉄道学院
朋友，新年进步

“唐院”是唐山铁道学院的简称，该校的历史可以追溯到1896年创立的山海关北洋铁路官学堂。这所百年大学历经十多次易名和更换校址，饱经磨难，却无比荣光——该校培养了一大批以茅以升为代表的铁路桥梁工程领域杰出人才。

1949年中央人民政府铁道部成立，原任中央军委铁道兵团司令员的滕代远担任部长。对铁路的重要性，他理解得比其他人更深，在他的关心下，全国陆续创建了多所铁道学院。1949年，北平铁路管理学院、华北交通学院与唐山工学院组建为中国交通大学；次年更名北方交通大学，1952年撤销，所属北京铁道学院和唐山铁道学院独立办学；1958年，北京铁道学院和唐山铁道学院的科系一分为二，部分迁至兰州，创建了兰州铁道学院，这是铁道部所属的第三所铁路院校。

新年好
Xinnianhao
1960
上海鉄道学院
新年好
1963
长沙鐵道学院

恭賀新年
1965
大連鐵道學院

1954年成立的上海铁路电信信号学校，于1958年更名为上海铁道学院。1956年，大连铁道学院成立。1960年，以原中南土木建筑学院（后改为湖南大学）的铁道建筑、铁道运输、桥梁隧道三系为基础，成立长沙铁道学院。石家庄铁道学院是源于1950年创建的中国人民解放军铁道兵工程学院，1984年转入铁道部，更名为石家庄铁道学院，2010年定名为石家庄铁道大学，是至今还唯一保留铁道名称的大学。

计划经济年代，铁路系统号称“铁老大”，当年铁道学院的贺年片上，火车是绝对的主角，昂首挺胸，吐着白烟，如同铁道人一样自信奔放。2000年以后，铁道学院退出了铁路系统，改设为

交通大学或综合大学的交通专业。

1964年，唐山铁道学院迁到了四川峨眉，之后又迁至成都，1972年，完成了学校的最后一次更名，凤凰涅槃，迎来了中国交通五校之一的西南交大的诞生。

2023年，西南交大唐山园正式落成。这所百年名校，先后培养了以茅以升，竺可桢为代表的三十余万栋梁英才，62名院士中，有57名是在唐山办学时培养。唐山园按原貌复建了老交大的建筑，具有教学科研和历史文化纪念的功能，继续书写西南交大的百年荣光！

再见母校

1984
恭賀新禧
上海铁道医学院
Shanghai Railway Medical College 学生会
恭贺新年
南京铁道医学院

恭賀新禧
大连鐵道医学院

1955年1月，第一机械工业部（即一机部）、高教部联合通知，在交通大学和大连工学院两校原有造船专业的师资和设备基础上成立造船学院。1955年在交通大学内迁西安前夕，国家有关部门、上海市决定在交通大学原址上分别筹建上海造船学院和南洋工学院。1956年上海造船学院成立，这是新中国第一所造船高等学院。

1957年，国务院和高教部批准交通大学分设西安、上海两地，上海造船学院和筹备中的南洋工学院并入上海交通大学。

无独有偶，中国的第一所造船中等专业学校也在上海成立。

中华人民共和国成立之初，造船工业和海军建设急需振兴。1952年，第一机械工业部决定在上海建立船舶工业学校。1953年8月，上海船舶工业学校（即上海船校）成立，同年10月更

名为上海船舶制造学校。曾于1958年和1960年两度升格为上海造船专科学校，1963年又更名为上海船舶工业学校。

1971年，上海船舶工业学校迁至江苏镇江，更名为镇江船舶工业学校；于1978年升格为镇江船舶学院；1993年，更名为华东船舶学院；2004年定名为江苏科技大学。

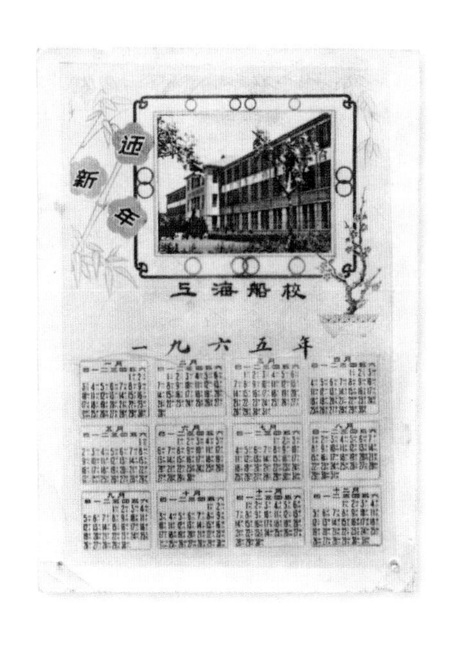

过去的船舶学院已不复存在，但船舶与海洋工程专业一直在持续发展，尤其是哈尔滨工业大学、上海交通大学、天津大学、武汉理工大学、大连理工大学、江苏科技大学等实力颇强。这些院校为我国的船舶人才培养、船舶工业振兴和国防建设做出了贡献。

上海造船学院存在时间只有一年，目前所见仅有两张特别精美的贺年片。封面印有轮船、军舰，内页绘有中国古代木船，连接起中国造船的历史。

其实中国船舶工业真正振兴是在改革开放时期，经过四十多年的不懈努力，初步建立了现代高水平的船舶工业体系。如今，中国造船业迎风而上，百舸争流，摘取了行业“皇冠”上的三颗明珠——航母、大型液化天然气（LNG）运输船和豪华邮轮。2023年，中国造船完工量、新接订单量和手持订单量三大指标国际市场份额保持全球第一，由造船大国迈向造船强国。

再见母校

恭賀新禧
Gonghexinxi
上海船校

1963
上海船校

1965
祝您健康
武汉船舶工業学校

1953 1963
10
上海★船校
上海船舶工业学校
1953—1963
建校十周年纪念

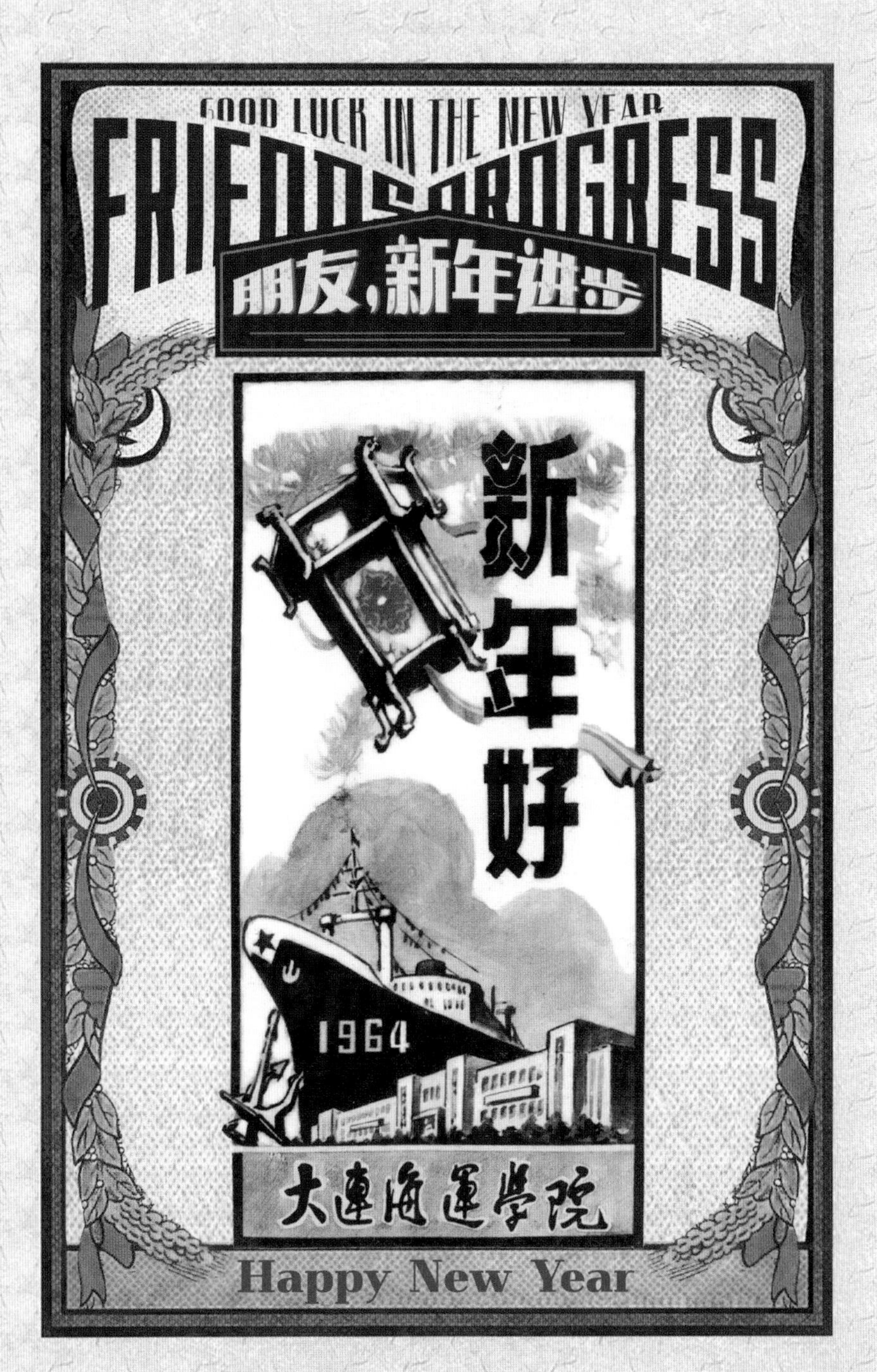

GOOD LUCK IN THE NEW YEAR
FRIENDS PROGRESS
朋友，新年进步
新年好
1964
大連海運學院
Happy New Year

中国有两所海事大学，分别在上海和大连。

我国近现代高等航海教育发轫于上海。上海海事大学的历史，可以追溯到1909年创建的晚清邮传部上海高等实业学堂船政科，历经交通部吴淞商船学校、交通部吴淞商船专科学校、国立重庆商船专科学校、国立上海航务学院时期。1958年，交通部决定在沪恢复上海航务学院建制；1959年正式开学，命名为上海海运学院；2004年更名为上海海事大学。

晚清至中华人民共和国成立的40余年间，仅有三所海事高等院校——东北航海学院、上海航务学院和福建航海专科学校，1953年合并成大连海运学院，1994年更名为大连海事大学。

由于原上海航务学院已并入大连海运学院，再加上1962年交通部对所属院校进行了专业调整，先后将上海海运学院海洋运输专业调整到大连海运学院，将机械工程类专业调整到武汉水运工程学院，换来的是以上两所学院的管理和经济类专业的建立。1966年，上海海运学院转变成交通部所属的以水运经济管理为主要专业的院校。

这次调整对上海海运学院而言，影响长远。该校1963年的一张贺年片上（图中“上海海运学校”应指上海海运学院，图中为1960年竣工的教学大楼），一个硕大的铁锚顶天立地，占据画面大半部分，色调凝重。

武漢水運工程學院
Xin Nian Kuai Le

恭賀新禧
1963
上海海運學校

反观大连海运学院，全国仅有的三大王牌海事院校强强联合，成为当时中国唯一的航海高等学府，1960年被确定为全国重点大学。1963年，国务院批准该校航海类专业实行半军事管理。这期间，大连海运学院的贺年片数量丰富，设计精致，有的还制作了英文贺年卡，在这张贺年片上，男女学生信步走在校园里，中景高高耸立着学生训练用的桅杆，远景是整齐的教学大楼。贺年片上还有铁锚纹饰，画面有英文新年快乐的字样。

除这两所海事大学外，还有一些大学的海运专业也非常优秀，如集美大学、武汉理工大学、天津理工大学、宁波大学、山东交通学院等，还有众多的海运职业学校共同构成了中国航海教育的完整体系。

中国海运具有悠久的历史，举世闻名的海上丝绸之路滥觞于秦汉，鼎盛于宋元——航海技术的发展和空前的经济贸易需求，海上丝绸之路在世界文明的交流发展中发挥的作用也越来越大。1987年，在南海发现的“南海一号”沉船，为800多年前南宋早期的货船，经整体打捞清理，有18万余件器物可供收藏研究。它们是海上丝绸之路的重要物证，也记录了中国所经历的一个伟大的航海时代。

今天，中国海运事业得到空前的发展，但是也面临着更加激烈的竞争。地缘政治、环境气候、科技实力都影响着中国海运事业的发展，需要更多的人才。因此，中国的海事院校建设任重而道远。

再见母校

恭贺新年
大連海運學院

1965
新年進步
上海海運学院

1964~1965
世界是你們的，也是我們的，但是歸根結底是你們的。
——毛澤東
Xin Nian Hao

1951年，中央人民政府水利部部长傅作义主持创建水利部水利学校；1954年更名为水利部北京水利学校。到了1958年，北京水力发电学校、北京水力发电函授学院并入，成立北京水利水电学院；1969年后的京校外迁中，学院先后迁至岳城水库和邯郸办学；1978年更名为

华北水利水电学院；1990年迁往河南郑州；2013年更名为华北水利水电大学。

华东水利学院前身为1915年创办的河海工程专门学校，是我国第一所培养水利人才的高等学府。1952年，南京大学工学院、交通大学两校的水利系，同济大学和浙江大学两校的土木系水利组，华东水利专科学校水利工程专修科合并成立了华东水利学院。1953年，厦门大学土木系水利技术建筑专业、山东农学院农田水利系、淮河水利学校水利工程专业科并入。1985年更名为河海大学。

1954年，武汉大学水利学院独立办学，成立武汉水利学院；1955年，天津大学、华东水利学院两校的水利土壤改良专业，河北农学院、沈阳农学院及苏、辽、冀、津等省、市14所院校的水利系科并入；1958年更名为武汉水利水电学院；1993年更名为武汉水利电力大学；1996年与葛洲坝水电工程学院（简称“葛水院”）合并组建新的武汉水利电力大学；2000年并入武汉大学。

中国河流纵横，水资源丰富，而历史上水患无穷。从公元前206年至公元1949年，中国发生过大水灾1029次，大旱灾1056次，民众流离失所。中华人民共和国成立之初，淮河流域泛滥，长江遭遇特大洪灾，给人民生产生活带来极大的损失。中央人民政府决定根治水患，兴建了一大批重大水利工程，如荆江分洪工程、三门峡水利枢纽、丹江口水利枢纽、刘家峡水电站、小浪底水利枢纽；兴建农田水利设施，如北京官厅水库、密云水库、十三陵水库等。

北京水利水电学院把教学、科研和生产实践紧密结合，

全校师生都参与了北京郊区的水利建设，并承担了一些重要的水利工程规划，一大批青年教师迅速成长。并入武汉大学后的水利水电学院参与了三峡、小浪底、南水北调、白鹤滩及西电东送等大型水利、水电工程项目的科学研究和技术咨询工作，取得了一大批国内领先、国际先进的科技成果。华东水利学院的毕业生放弃大城市的优越条件，投身大山深处的一线水利建设工程，参加以礼河（会泽）、绿水河（蔓耗）、西洱河（下关）“三河大会战”。

这期间，有很多反映水利工程的美术作品。中央美术学院200多人组成了“美术兵连”的劳动队伍，到十三陵水库参加义务劳动，吴作人、叶浅予、李可染、董希文等创作了一大批关于水利工程的经典作品。北京水利水电学院贺年片上印有高耸的大坝、凌空的电网。华东水利学院在一张印有水库的贺年片上画了双龙戏珠和祥云升腾的图案。1956年，毛泽东在武汉畅游长江，写下了著名的诗词《水调歌头·长江》,1957年发表在《诗刊》上，改为《水调歌头·游泳》。这一年，中国第一个五年计划胜利完成，武汉长江大桥也在这年建成。武汉水利电力学院把武汉长江大桥和毛泽东的诗句“万里长江横渡，极目楚天舒”印在了贺年片上，而“高峡出平湖，当惊世界殊”则更体现出那个时代的自信与期盼！

再见母校

新年进步
1960
南京水利学院
新年好
长江工程大学
恭贺新禧
1964。
西北水利电力学院
敬贺

新年好
1963
身体好
学习好
工作好
—辽宁省水利水电学院—

1961
庆贺新年
黑龙江水利电力学院

敬祝春禧

河北水利學院

恭贺新禧！

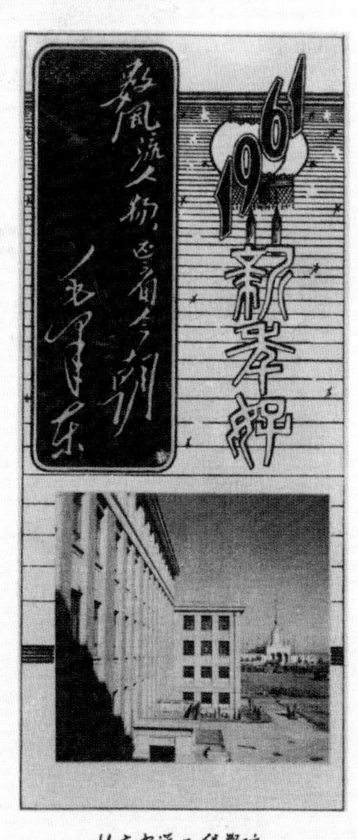
数风流人物，还看今朝
毛泽东
1961
新年好
北京建筑工程学院

友，新年进步

建筑院校有“老八校”“新八校”之说。“老八校”是指清华大学、同济大学、东南大学、天津大学、重庆建筑大学（并入重庆大学）、哈尔滨建筑大学（并入哈尔滨工业大学）、华南理工大学和西安建筑科技大学。“新八校”是指浙江大学、湖南大学、沈阳建筑大学、大连理工大学、华侨大学、华中科技大学、上海交通大学和南京大学。

中华人民共和国原建设部有七所直属建筑高校，它们是哈尔滨建筑大学、重庆建筑大学、沈阳建筑工程学院（后更名为沈阳建筑大学）、西北建筑工程学院（后并入长安大学）、武汉城市建设学院、南京建筑工程学院、苏州城建环保学院。前四所实力较强，被称为“四大建院”。

哈尔滨建筑大学的前身是1920年成立的哈尔滨工业大学土木建筑系；1959年，扩建成为哈尔滨建筑工程学院；1994年更名为哈尔滨建筑大学；2000年并入哈尔滨工业大学。

1952年，西南工业专科学校、重庆大学等六所院校的土木建筑系（科）合并为重庆土木建筑学院；次年，云南大学、贵州大学土木系并入；1954年更名为重庆建筑工程学院；1994年更名为重庆建筑大学；2000年并入重庆大学。

西北建筑工程学院前身为西北建设工程局西安建筑工程学校，建于1953年，2000年并入长安大学。沈阳建筑工程学院的前身为中国人民解放军东北军区军工部工业专门学校，2004年定名为沈阳建筑大学。该校1959年还参与了创建北京建筑工业学院，后发展为湖北建筑工业学院，2000年并入武汉理工大学。

北京建筑工程学院前身为北平市立高级职业学校，2013年更名为北京建筑大学。这类大学的贺年片，整体上都以本校的建筑为主，突出建筑学科的特点。有一张北京建筑工程学院的贺年片特别有意思，中心位置为该校行政楼，背景是北京展览馆。1954年苏联展览馆落成，其建筑气势恢宏，为典型的苏联新古典主义风格，1958年更名为北京展览馆。20世纪50年代，苏联建筑理念和风格对中国建筑界产生过颇大的影响，北京建筑工程学院和苏联展览馆同框的贺年片，正好印证了这一史实。

中华人民共和国成立以后，这些大学的师生配合国家大规模经济建设，参与国家重大项目的设计与建设，如20世纪50年代的北京十大建筑，60年代的南京长江大桥，七八十年代的葛洲坝水电站工程，改革开放以后的深圳国贸大厦等。2000年以后，随着我国改革开放的不断深入，更多国外著名建筑设计师来到中国，北京的鸟巢、中央电视台总部大楼、中国国家大剧院等建筑让我们认识了雅克·赫尔佐格、皮埃尔·德梅隆、雷姆·库哈斯、保罗·安德鲁等知名的国际建筑设计师，给我们带来了不一样的体验和感受。

武汉城市建设学院 留念

再见母校

新年好
1959

新年好
天津建筑工程学院 1961.

新年好

1964
XINNIANHAO
西安冶金建筑学院

'85
恭贺新禧
福建建筑工程专科学校
重庆建筑工程学院
重庆建筑工程学院

朋友，新年进步
GOOD LUCK IN THE NEW YEAR
MY FRIEND
恭賀新年
Gonghe Xinnian
1963
西北工業大學

1951年11月3日至9日，中央人民政府教育部全国工学院院长会议在北京召开，出席会议的有全国各大学工学院及独立工学院院长，11月30日，第113次政务院会议批准了《中央人民政府教育部关于全国工学院调整方案的报告》。

据1952年4月16日教育部正式公布的《全国工学院调整方案》，1952年至1954年间，首先从华北开始，调整工作陆续在华东、华北、西南、中南、华南、东北及西北七个地区展开。各地区侧重建设一所，力求多所发展，其中，在作为重工业基地的东北布局有两所，即东北工学院和大连工学院，此外还有北京工业学院、南京工学院、华中工学院、华南工学院、成都工学院和西北工学院（后为西北工业大学），它们加起来也就是人们所说的“八大工学院”。

中华人民共和国成立初期，历经帝国主义长期掠夺和连年战争的破坏，整个国民经

新年好
Xinnianhao
1964
南京工学院

恭贺新禧
GONGHEXINXI
1964
华南工学院

成都工学院

新年好
华中工学院

济亟待发展。20世纪50年代初期，由于朝鲜战争和帝国主义对中国的全面封锁，中国接受苏联的经济援助，学习借鉴苏联的教育制度，重点发展工科等专业院校。我国第一个五年计划的基本任务，就是集中主要力量，进行以苏联帮助我国设计的156个建设项目和工程为中心，由690个大中型建设项目组成的工业建设，为我国社会主义工业化建设打下基础。

我们看到当年“八大工学院”的贺年片，品种齐全，有一种天降大任于斯人，舍我其谁的豪迈气势。

1953年院系调整完成后，工科院校得到了快速发展。全国高校由调整前的201所缩减为182所。其中，综合大学14所，工业院校38所，师范院校31所，农林院校29所，医学院校29所，财经院校6所，政法

院校4所，语文类院校8所，艺术院校15所，体育院校4所，少数民族院校3所，其他院校1所。工业学院数量最多，标志着中华人民共和国高等教育史上一个工科时代的到来。

当年的工学院大多由重点大学的工学院独立出来，20世纪90年代以后，这些工学院逐步改成了理工大学和科技大学。历史总有重复，今天的一些工学院又变成了理、工并重的大学。近年来，这些大学利用自身优势，将目光瞄准理科和工科的交叉地带，把传统工科与新技术相融合，和行业产业需求相结合，不断推进我国新工科的建设和快速发展。

再见母校

1965
上海工学院

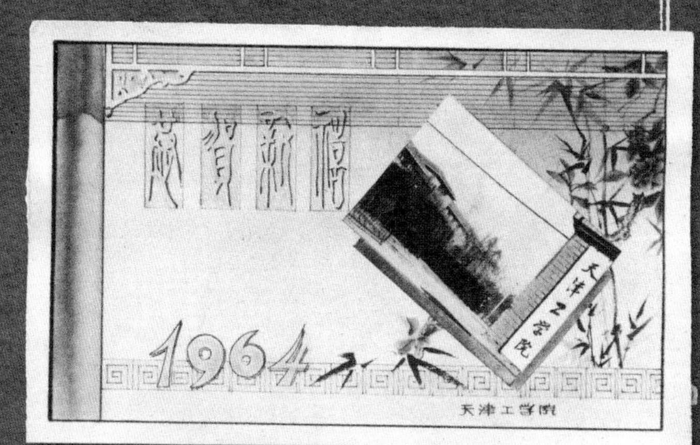
1964
天津工学院
天津工学院

新年好
XIN NIAN HAO
哈工大
1960
1963
贺
新
禧
安康工学沈

新年好
贵州工学院
1962
跃进年
果满枝
山东工學院
1963
新春
恭賀新禧
太原工学院

1985
新年好
HUBEI
INDUSTRY
COLLEGE
湖北工学院

春节愉快
武汉工学院

新年好
1964
黑龙江工学院

新年快樂
1962
合肥工業大學

十周年院庆纪念
SHIZHOUNIANYUANQINGJINIAN
1954
1964
昆明工学院 1964.9

甘肃工业大学
新年快乐
元旦
恭贺新禧
浙江工学院

现在人们对机械学院比较陌生，往往只会将之与机床、仪表、仪器相联系。假如对原机械工业部有所了解，也许会刷新你的认知。

作为国务院的部委，机械工业部于1952年开始组建，此后十年间有七个机械工业部诞生。1965年，第三届全国人民代表大会第一次会议通过，将农业机械部改名为第八机械工业部，由此出现了新中国历史上“八机并存”的局面，分别主管民用机电、原子能、航空工业、无线电工业、兵器工业、造船工业、航天工业和农机工业。

当年机械工业部直属的高校就有20余所之多。大家比较熟悉的有湖南大学、吉林工业大学、合肥工业大学、甘肃工业大学、哈尔滨科技大学、江苏工学院、安徽工学院、洛阳工学院、武汉工学院等。此后，机械工业部历经多次变更，至今对其下属院校的名称、数量的表述不尽一致。

如今，这些直属高校已改名或重组，但通过留存的当时的大学贺年片，还能依稀看到“正宗”机械学院的身影。

上海机械学院，1952年成立。当时的华东工业部接管了沪江大学的原址和校舍，创办上海工业学校（中专）；1960

年更名为上海机械学院，被称为中国制造业的“黄埔军校”；1994年更名为华东工业大学；1996年和上海机械高等专科学校合并，成立了上海理工大学。

1958年，北京机械学院成立；1972年迁往陕西，与陕西工业大学合并，组建了陕西机械学院；1986年，与北京机械工业管理专科学校合并后成立北京机械工业管理学院；1990年，更名为北京机械工业学院，后并入北京信息科技大学。

1958年，哈尔滨工业大学重型机械系迁至齐齐哈尔市富拉尔基区；1960年，独立办学，定名为东北重型机械学院；1997年，更名为燕山大学。

太原重型机械学院的前身为1952年成立的山西省机械制造工业学校；2004年，更名为太原科技大学。

中华人民共和国成立之初，建立起集中、统一的教育管理体制，1954年全国高校181所，省、自治区、直辖市代管的只有10余所。1955年，全国高校227所，几乎全部隶属高教部和中央各部委；1957年以后，实行中央与地方两级分权管理。1965年，全国高校434所，高教部直属管理的有34所，中央业务部门管理的有149所，省、市、自治区管理的有251所。

中央部委直接管理院校，是计划经济的产物。它的长处是根据行业特点和需求培养人才，产、学、研一条龙，集中优势教学力量，见效快。劣势是不利于人才和社会资源合理流通和配置。1990年之后，伴随着高校改革，大部分学校转为教育部直属和教育部与地方政府共建的管理模式，既能保证教育部的统筹规划、专业指导，又能调动地方政府办学的积极性。

“八机并存”已成为历史，不过在今天，我们仍然可以从机械学院的过往中，观察中国高校管理体制不断调整、改革的路径。

1963
新年快乐
Xin nian kuai le
浙江机械工业学校
1964
新年好
敬祝
桂林机械专科学校

新年进步！

毕业纪念

1961

华东化工学院

1960 date

一帧带“彩色”的黑白照片

浙江衢州有一条清澈的河流，叫乌溪江。

很多人都不知道这里曾经有过一所大学——乌溪江化工学院。这所学校的前身是1953年成立的杭州化工学校，1960年位于衢州的新校园命名为乌溪江化工学院。它和国内其他地区的化工学院差不多是在同一时期出现。

如1958年成立的南京化工学院、华南化工学院、北京化工学院、沈阳化工学院、吉林化工学院和山东化工学院等。

新中国第一所以化工特色闻名的高等学府，当属华东化工学院（今华东理工大学），其历史可以追溯到一百多年前的南洋公学和震旦学院。1952年全国院系调整时，它由交通大学、震旦大学、大同大学、东吴大学和江南大学等院校的化工系组建而成。

1965年，国家将该校部分保密专业迁至四川自贡筹建分校，代号“652”工程，1966年定名为华东化工学院西南分院；1972年，华东化工学院更名为上海化工学院，西南分院随之更名为上海化工学院四川分院；1980年恢复华东化工学院原名。

1949年以前，中国的化学工业基础非常薄弱，只有上海、南京、天津、大连、青岛等城市有少量的化工厂和作坊，生产为数不多的硫酸、纯碱、化肥、橡胶制品和医学制剂。化学工业真正开始大规模发展，是在20世纪60至70年代。随着我国大型油田的发现，石油化工得到快速的发展，化工部也开始在全国多个城市组建化工学院，主要分布在油田周边，有的直接就叫石油化工学院。

1963
沈阳化工学院

校庆
1952-1979
上海化工学院

华东化工学院1960年的一张贺年片上印有“沸腾的新年”，似乎体现了人们对国家化工事业发展的期待。该校1958年贺年片上印有“做工人农民，当科学标兵”，体现了化工学院立志培养化工人才，为工农业生产服务的责任感。化工院校以培养化学工程师为己任，逐步形成了自己的办学特色和优势，为发展农业生产，扩大工业原料，巩固国防，改善人民生活发挥了重要的作用。

有意思的是，胶卷作为化工产品，无论是拍照，还是冲印、制作照片，对化工学院师生来说都会得心应手，文章开头提到的乌溪江化工学院贺年片就是一个例证。乌溪江化工学院的贺年片原本是一张黑白照片，画面中的乌溪江被敷上了淡淡的蓝色，岸边树木青青，左下角的“乌溪江化工学院”字样被涂上金黄的底色，上方的“1961，新年好”字样被点染成红色、绿色、黄色，整个画面非常喜庆，把黑白灰的画面装点得五彩斑斓。

从乌溪江化工学院到后来的浙江工业大学，其间曾五改校名，三易校址。这并不是个案，几乎所有的化工学院都有过更名和迁址的经历。这些与化工院校所处的时代环境、办学条件、资源配置、主管部门更替有着密切的联系。如今，除北京化工学院、沈阳化工学院更名化工大学外，其他化工类学院多有变迁。华东化工学院现为华东理工大学，南京化工学院现为南京工业大学，山东化工学院现为青岛科技大学，武汉化工学院现为武汉工程大学，已全然不见“化工”的身影。

再见母校

新年快乐
浙江化工学院

上海化学工业专科学校
上海市化学工业学校
1963

新年好
1962
山西化工學院
書到用時方
恨少事非經
過不知難
武漢化工学院

新中国成立的纺织院校，创办之初多以纺织工学院命名。

华东纺织工学院前身可追溯至1912年张謇创办的纺织染传习所；1951年，整合交通大学纺织系、私立上海纺织工学院、上海市立工业学校纺织科后成立；1952年至1956年，先后又有南通学院纺织科、中南纺织专科学校、四川乐山技艺专科学校印染班、苏南工业专科学校纺织科、华东交通专科学校机械科和青岛工学院纺织系并入，因而成为中国规模最大、理工结合的纺织高等学府；1985年更名为中国纺织大学；现为东华大学。

天津纺织工学院的前身是河北纺织工学院，1958年由天津大学纺织系、天津纺织工业学校组建而成。

郑州纺织工学院的前身是1955年成立的榆次纺织机械工业学校，1957年迁至郑州，几经更名后，定名为郑州纺织工学院（现中原工学院）。

成立于1959年的北京纺织工学院，1961年更名为北京化学纤维工学院，1987年更名为北京服装学院。

武汉纺织工学院成立于1958年，2010年更名为武汉纺织大学。

苏杭地区盛产丝绸，纺织类学校也有以丝绸定名的，如1960年定名的苏州丝绸工学院和1964年定名的浙江丝绸工学院。

西北纺织工学院成立于1978年，学校历史可以追溯到1912年成立的北京高等专门学校纺织科，现为西安工程大学。

1949年，纺织业凋敝，彼时我国人均布匹消费量12尺（1尺≈0.33米），那时的土地以种粮为主，棉花产量难以满足人民穿衣用布的需要。从20世纪50年代中期开始，国家开始使用布票。1956年，多个产棉区频遭水灾，棉花歉收，1957年第二期的布票只能对折使用。

20世纪70年代，纺织学院开始了化纤产品的研究，国家在上海、辽宁、天津、四川建

立了四大化纤基地，缓解了棉布的紧缺。20世纪70年代后期流行“的确凉”，特别光鲜挺括，是当时非常时髦的化纤面料，改变了人们长期着衣灰、黑、蓝的单一色调。后来人们发现这种面料不透气，夏天穿起来十分闷热，但性价比高，所以改称“的确良”。

华东纺织工学院有张1964年的贺年片，画面上一位纺织女工手持纺轮站在地球顶端，右上角写有“自力更生，奋发图强”八字。北京化学纤维工学院贺年片字体讲究，纹饰精美。河北纺织工学院贺年片则是漫天飞舞的雪花，看得出来是对印染花布图案的挪用。

20世纪80年代关于纺织行业的文艺作品比较多，有一首广为流传的歌曲叫《金梭和银梭》，演唱者为朱逢博，节奏欢快，青春激荡，感觉是专为纺织院校写的："太阳太阳象（像）一把金梭，月亮月亮象（像）一把银梭，交给你也交给我，看谁织出最美的生活。"

如今，中国已是纺织生产、出口大国，服装不再只是为了御寒蔽体，时装化、品牌化和个性化的服饰需求成为时代潮流。时光荏苒，日月如梭，当年的纺织院校多数升格为大学，校名中也少见"纺织"二字的踪影，但纺织科学与工程仍然是这类学校重要的学科，继续为我们编织五彩斑斓的生活。

再见母校

新年好
华东纺织工学院
1
1963
恭賀·新禧
河北紡織工學院
1963

新年好
1964
北京化学纤维工学院
新年好
XINNIANHAO
1963
北京化学纤维工学院
新年快乐
1964
北京化学纤维工学院

恭賀新禧
南通紡織專科學校
南通纺织专科学校 学生会
Nantong Textile College

朋友，新年进步

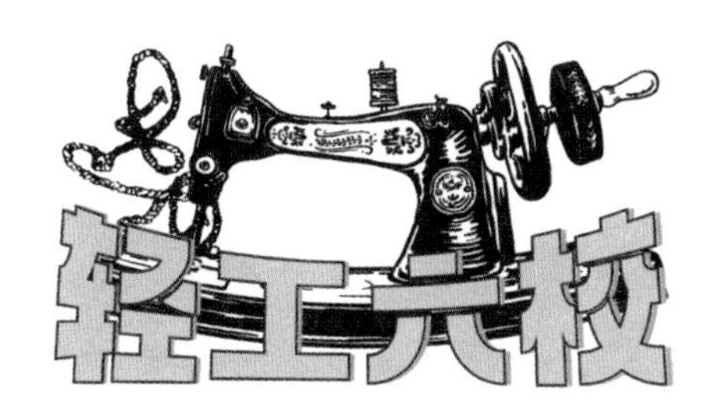

中国近代的轻工业发展缓慢，呈现出以手工操作为主、技术设备和主要工业原料大多依赖进口、门类不齐全的特征。

在1959年5月发行的《北京轻工业学院介绍专刊》首页上，转引《人民日报》社论《轻工业必须有较大的发展》。文章介绍，一方面，1958年农业丰收，棉粮产量翻一番，烟叶、糖料等经济作物的丰收，改变了过去轻工业原料不足的局面；另一方面，随着人民购买力的提高，对轻工业产品的需求大大增加。

新中国轻工业院校也差不多在这个时期应运而生。

北京轻工业学院于1958年成立，是新中国第一所轻工业高等学府；1970年迁至陕西咸阳，改名为西北轻工业学院，现为陕西科技大学。1978年，北京轻工业学院在北京原址重建，后与其他学校合并组建北京工商大学。

1952年，南京大学、复旦大学、武汉大学、浙江大学、私立江南大学有关系科组建南京工学院食品工业系。1958年，该系迁至无锡，成立无锡轻工业学院，现为江南大学。

1958年，河北轻工业学院成立；1959年，天津大学制浆造纸专业的主要师资和实验室设备并入；1964年，北京轻工业学院发酵工学专业、原无锡轻工业学院塑料成型加工专业调入；1968年更名为天津轻工业学院，现为天津科技大学。

1958年，沈阳轻工业学院成立；1970年，大连轻工业学

校并入，更名为大连轻工业学院，现为大连工业大学。

山东轻工业学院的历史，可以追溯到1948年解放军胶东军区成立的胶东工业学校；1978年升格为山东轻工业学院，现为齐鲁工业大学。

1977年，郑州轻工业学院在郑州轻工业机电学校基础上成立，现为郑州轻工业大学。

由于以上六所轻工业学院曾直属于原轻工业部，故被称为“轻工六校”。

轻工业是主要生产消费资料的工业部门的总称，如食品、纺织、造纸等工业。轻工院校在不同时期的主管部门有所变更。

新中国的轻工业发展经历了几个阶段。从1949年到

1978年，国家以重工业发展为主，轻工业的发展受到一定的影响，只能满足人们最基本的物质生活需要。如1958年，热水瓶平均每百人5.3个，自来水笔平均每百人8.4支，时钟平均每千人3.9只。大多数轻工产品都凭票供应，手表、缝纫机、电风扇、收音机成为人们梦寐以求的“奢侈品”。这时期轻工业学院制作的贺年片，虽然有一些图案设计，但总体来说还是比较简单和平淡，和轻工业的发展状况相吻合。

1978年以后，中国开始迈出改革开放的步伐，大量引进先进设备、技术和管理经验，发展白色家电产业，冰箱、洗衣机、空调、电风扇都进入了人们的生活。

20世纪90年代以后，中国轻工业快速发展，逐步成为名副其实的轻工业生产和出口强国。轻工业完成了从满足人们最基础的物质生活需求到满足人们精神需求的转变，体育用品、文化用品、化妆品、高端礼品，凸显品牌化和个性化特征。可惜的是，大学贺年片在20世纪90年代已退出了历史舞台，要不然，以设计见长的轻工学院制作的贺年片，一定是当下火热的时尚礼品。

再见母校
轻工业部上海轻工业学校
恭贺新年
1964
广东轻工业学院
校门

Good New year
新年好
吉林轻工业学院
湖北轻工业学院
1984
新春愉快

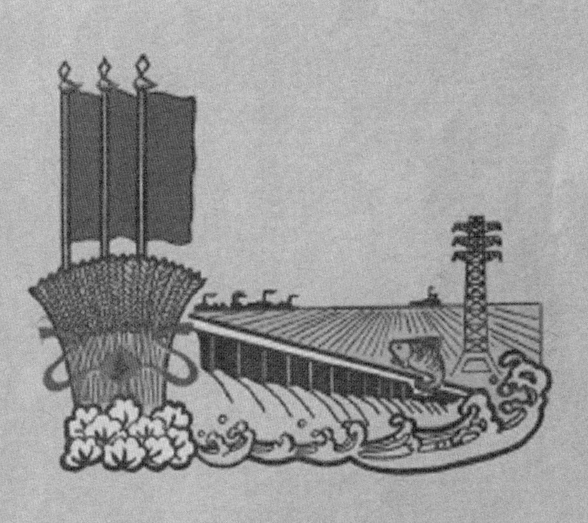

朋友，新年进步

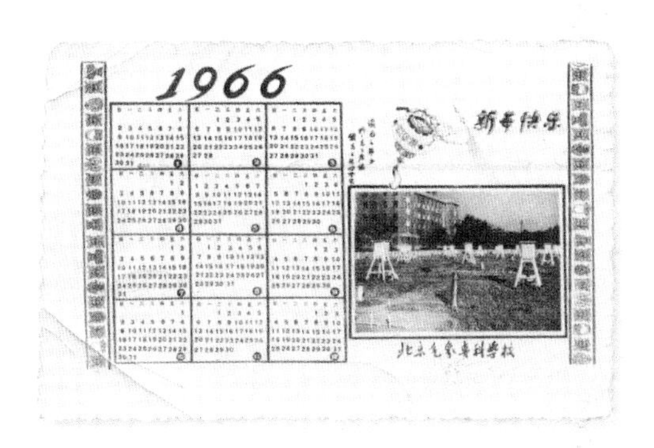

北京气象学院创建于1955年，是我国第一所气象专科学校，培养了一大批开创新中国气象事业的专业技术骨干和领导干部。1960年改建为北京气象专科学校；1984年改为北京气象学院；1999年北京气象学院并入南京气象学院，后在北京成立分部。

南京气象学院的前身为1960年成立的南京大学气象学院，隶属原中央军委气象局。1963年独立建校，为南京气象学院；2004年更名为南京信息工程大学。

成都气象学院于1951年由中国人民解放军西南空军气象干部训练大队在成都创建；1954年学校改制后更名为中央气象局成都气象干部学校；1956年改制为3年制中等专业学校，更名为中央气象局成都气象学校；1978年升格为本科高等院校，改名为成都气象学院；2000年更名为成都信息工程学院；2015年更名为成都信息工程大学。

1949年，中央军委气象局成立，为抗美援朝战争和国民经济恢复发展提供了卓有成效的气象服务保障。1953年，为更好服务国家大规模经济建设，气象部门从军队建制转为政府建制，原中央军委气象局所属学校划归为地方管理；1972年，气象部门成为新中国

第一个恢复参加联合国专门机构的部门。

如今，中国气象事业由快速发展转为高质量发展，为人民生命安全、生产发展、生活富裕、生态良好提供了有力保障。中国气象局不断提升全球监测、全球预报、全球服务能力，在积极应对全球气候变化中发挥了重要的作用。

由于气象学院的贺年片极少，又因气象学院与测绘学院之间的关联，因此我们把气象学院与测绘学院合为一篇。

武汉测绘学院前身是武汉测量制图学院。1955年，国务院在部署高等学校第二次院系调整时，决定独立设置测绘学院。在1956年，以清华大学、同济大学、天津大学、华南工学院、青岛工学院的测绘专业和师资及设备为基础，组建了武汉测量制图学院。1958年更名为武汉测绘学院；1985年改名为武汉测绘科技大学；2000

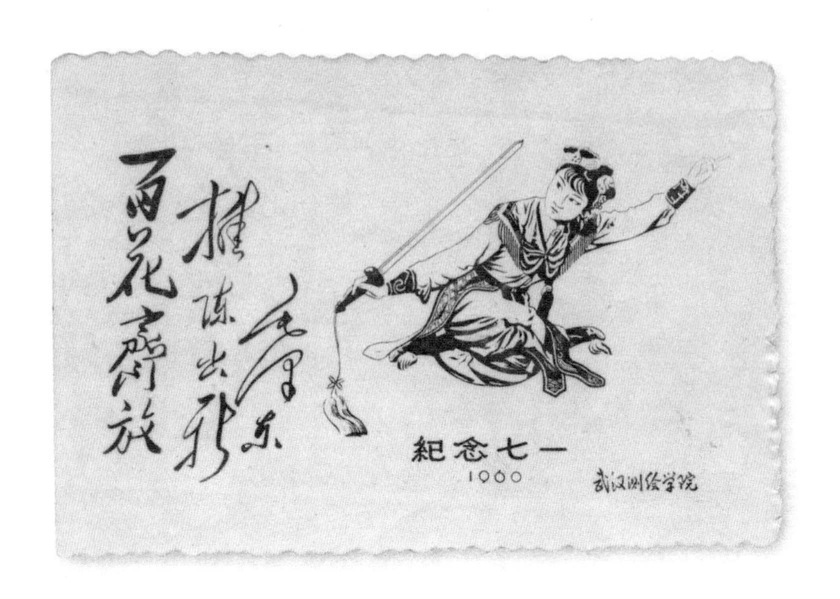

年经教育部批准，武汉测绘科技大学、武汉水利电力大学、湖北医科大学与武汉大学合并，成立新的武汉大学。

武汉大学测绘学院是我国著名的测绘高等教育和科学研究机构，立足测绘科学与技术发展前沿培养人才，其科学研究综合实力强，测绘科学与技术和地球物理学两个一级学科排名全国第一，被誉为“测绘教育之都”。

武汉测绘学院的贺年片，个性鲜明，见证了中国第一所民用测绘高等学府的发展历程。

再见母校

恭贺新禧
Happy New Year
武汉测绘学院

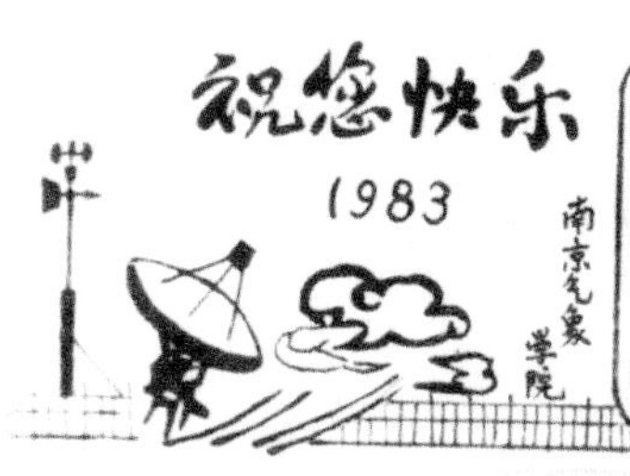
祝您快乐
1983
南京气象学院

朋友，新年进步

Sin nian xao

1962

山东农学院

中国是一个传统的农业大国，农为邦本，本固邦宁。1949年10月，中华人民共和国成立的同时，中央人民政府农业部成立，开启了农业高等教育的新布局。北京农业大学、南京农学院、华中农学院、华南农学院、东北农学院、西北农学院和西南农学院等院校先后诞生。

1949年，北京大学、清华大学和华北大学三所农学院合并，1950年正式命名为北京农业大学。1952年，北京农业大学机械系与华北农业机械专科学校、中央农业部机耕学校合并，在北京学院路上成立了北京机械化农业学院；1953年，平原农学院并入，更名为北京农业机械化学院；1985年更名为北京农业工程大学；1995年，与北京农业大学合并，成立中国农业大学。

在1952年全国院系调整中，农业院校成为重点调整对象。武汉大学农学院、湖北农学院及中山大学等六所大学相关系科合并组建华中农学院（现华中农业大学）；华南农学

新年好
1978
華南農學院

新年好
XIN NIAN HAO
北京農業大學

恭賀新禧
GONG HE XIN XI

華中農學院風光

1966
南京農學院

院（现华南农业大学）由中山大学、岭南大学、广西大学三校农学院部分专业合并而成；南京农学院（现南京农业大学）由南京大学农学院、金陵大学农学科和浙江大学农学院部分系科合并组建。此次调整使得这三所学校日后在全国农业类院校排名中名列前茅。

从1950年开始，国家开始了垦荒开发边疆，1958年至1959年，黑龙江八一农垦大学、塔里木农垦大学、新疆生产建设兵团农学院先后成立，通过屯垦戍边，有效地扩大了我国当时的耕地面积。

1959年，毛泽东基于当时的国情，以农业合作化制度为前提，提出了“农业的根本出路在于机械化”。国家设立专门研究和人才培养机构，全国陆续成立诸多的农业机械化院校。如山东、湖北、河北和北京、重庆、镇江、沈阳等省、市先后成立农业机械化院校，北京农业机械化学院的部分专业后来成为中国农业大学的强势学科。吉林还成立了长春汽车拖拉机学院，后更名为吉林工业大学（现吉林大学），镇江农业机械学院更名为江苏理工大学（现江苏大学）。

在全国“大办农业、大办粮食”的热潮中，农学院对于农业发展更是责无旁贷。据1964年《南京农学院》介绍，该校六个系十个专业，全都直接为农业生产服务，建院以来，培养了四千多名农业科技干部。1973年，毕业于西南农学院的袁隆平，首次培育成功强优势的籼型杂交水稻，是中国水稻育种史上的第一次重大突破，为我国农业粮食的丰产打下坚实的基础。

1949年以来，不仅实现了粮食自给，还对全球粮食安全、贫困治理和农村可持续发展做出了巨大贡献。我国的农业事业已由单纯的农业生产转向加工、销售全产业各个环节共同发展。单纯农产品的生产功能向文化传承、生态保护、乡村旅游转变。2013年，习近平总书记首次提出“精准扶贫”理念，努力建设美丽乡村。自2018年起，将每年秋分定为中国农民丰收节，这时候广袤的田野大地正好被染成了一片金色。

恭贺新禧
1965
安徽农学院

西南农学院
一辑
校景

恭贺新年
Gongxixinnian
1963
吉林農业大學

恭賀新禧
广西农学院

西北农学院
恭贺新禧
1962
河北农业大学
胜利新年
沈阳农学院

С Новым годом!

汽車拖拉機學院

北京林学院成立时，校址并不在学院路，而是在西山大觉寺。

该校的前身可追溯至1902年的京师大学堂农业科林学目。1952年，北京农业大学、河北农学院两校的森林系合并，成立北京林学院。1956年，北京农业大学造园系和清华大学建筑系部分并入该校。1969年迁至云南，直到1978年迁回北京办学，1985年更名为北京林业大学。

1952年，东北林学院在哈尔滨成立，在浙江大学农学院森林系和东北农学院森林系基础上组建而成。同年，南京林学院由南京大学森林系和金陵大学森林系合并组建。

以上三所大学，是当时全国仅有的高等林业院校。

1949年10月，中央人民政府林垦部成立，1951年更名为林业部。中华人民共和国成立之初，国民经济建设急需大量的木材，而当时存留的森林资源极少，木材的年产量不到1000万立方米，供需矛盾十分突出。国家制定了一系列林业工作的方针政策，创办林业学院，培养林业专门人才，保护和发展林业资源。

新中国林学院和农学院有着分分合合的缘分。1958年，

1963
福建林学院校景一角

1963
南京林学院

(乙巳年)
1965
中南林学院

1962
广东林学院新建大楼之一
祝新年快乐
学生会制

福建林学院从福建农学院分出，独立成院。1958年创办的湖南林学院，于1963年迁往广州与华南农学院林学系合并，成为中南林学院。1958年，内蒙古林学院成立，现为内蒙古农业大学。1959年，四川林学院从四川大学农学院分出独立成院。1973年，昆明农林学院林学系与迁至云南的北京林学院合并，成立了云南林业学院，1983年更名为西南林学院。1952年成立了吉林林业学校，1960年更名为吉林林学院。西北林学院1979年从西北农学院分出，后并入西北农林科技大学。现在，大部分林学院已进入林业或农业大学的行列。

林学院这一时期的贺年片多为校园小景。东北林学院的一张1958年的贺年片上写着：无山不绿，有水皆清。四时花香，万壑鸟鸣。替河山装成锦绣，把祖国绘成丹青。新中国的林人也是新中国的艺人。

林学院贺年片总体上低调、平静，如同缄默的林院人。他们知道树人如树木，不是一朝一夕就能成材，只有像一粒种子扎进深土，慢慢地生长年轮，自然树下成蹊。

在我国林业建设的发展过程中，在森林、草原生态系统的建设和保护，荒漠化、石漠化治理与生态修复，生物多样性保护和拯救等方面都取得了重大的进展和明显的成效。如今，绿水青山就是金山银山的理念已深入人心，人们的生态意识不断地增强，中国林业建设与发展新时期正向我们走来，林业大学更是进入大显身手、大有作为的时代。

再见母校

恭贺新禧

恭贺新春
1986
山西林业学校

朋友，新年进步
上海市水产学校
新
年
好
Friend, New Year's Progress

水产科学属于农学的一种，又称水产渔业科学，研究对象为水产资源、水产养殖、水产捕捞和水产品加工，故而水产大学也被形象地称为“海上农业大学”。

中华人民共和国成立的六所水产学院有四所直属农业部，分别为上海水产学院、大连水产学院、厦门水产学院和湛江水产学院。

1952年，中国第一所本科水产高校——上海水产学院成立，其前身可以追溯到1912年成立的江苏省立水产学校。同年，东北水产技术学校成立，1958年升格为大连水产专科学校，1978年更名为大连水产学院。

1972年，上海水产学院南迁厦门，更名为厦门水产学院。1979年，恢复上海水产学院，保留厦门水产学院。1994年，厦门水产学院并入集美大学。2008年，更名为上海海洋大学。

1978年成立的湛江水产学院，前身为1935年广东省立高级水产职业学校，是广东现代海洋水产教育的发端。浙江水产学院创建于1958年，原名舟山水产学院，1975年更名为浙江水产学院。1952年，河北省水产专科学校更名为塘沽水产学院，1958年升格为天津水产学院。

新中国成立之初，全国的水产品量只有45万吨，主要是依靠沿江沿海一带的小型木帆船捕捞。1956年，国家颁发《一九五六年到一九六七年全国农业发展纲要（草案）》，提出：要积极发展海洋水产品生产，争取向深海发展；淡水养殖业要加强培育优质鱼种和防治“鱼瘟”。

20世纪80年代后期，远洋渔业发展迅速，养殖和捕捞并举，水产品产量居世界前列，结束了居民长期凭票购鱼的历史，老百姓的生活也从“食无鱼”到“年年有鱼”，水产品种类也多了起来，如金枪鱼、深海鳕鱼、帝王蟹、大龙虾、象鼻蚌等都被端上了老百姓的餐桌。

水产学院的贺年片中，鱼类是绝对的主角，体现了水产养殖行业的特点。此外，上海水产学院1960年的一张庆祝元旦的贺年片上，一枚火箭腾空而起，表达了中国水产业迈向深蓝、拥抱大海的美好愿景。

中国江河湖泊分布广泛，海洋资源丰富。早年的水产学院分布在海滨城市，于2000年前后都开始争相“拥抱”大海：上海水产学院更名上海海洋大学；大连水产学院更名为大连海洋大学；湛江水产学院现为广东海洋大学；浙江水产学院现为浙江海洋大学；天津水产学院现为河北农业大学海洋学院；还有1959年成立的山东海洋学院水产系也成为中国海洋大学水产学院。海洋大学是我国水产人才培养的重要基地，在水产科学研究，合理开发保护水产资源，维护国家食品安全，提高人民生活品质等方面都发挥了重要的作用。

再见母校

1984
水产

1984
大连水产学院

新年好
xin nian hao
山东海洋学院

朋友，新年进步
新年贺卡

中国人民大学
新年好

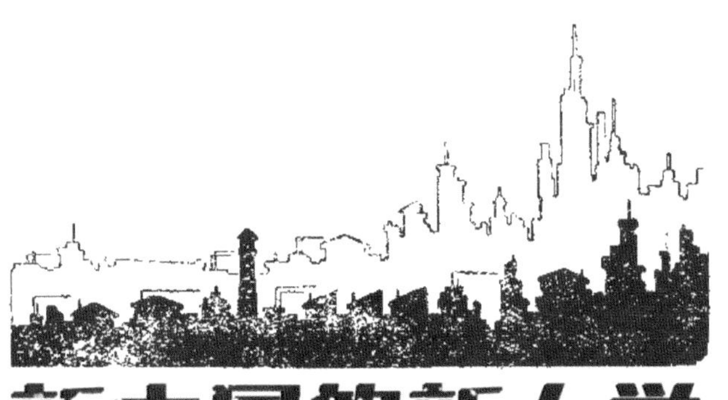

新中国的新大学

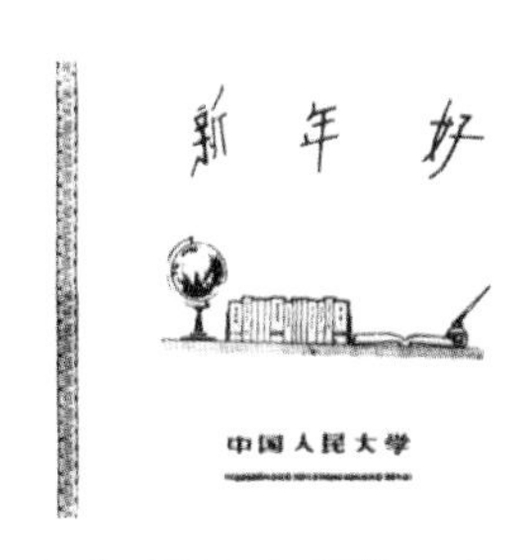

中国人民大学的源头为1937年在延安成立的陕北公学，是抗战时期中国共产党领导下培养干部的学校，主要招收全国各地的进步青年。

1939年，中共中央决定将陕北公学、延安鲁迅艺术学院等四所学校合并成华北联合大学，为实际斗争的需要，培养革命干部。1948年，华北联合大学和北方大学合并成立华北大学，下设政治培训班、教育学院、文艺学院、研究院及工学院和农学院，为迎接中华人民共和国成立培养了大批干部。

1949年12月，中央人民政府政务院第十一次政务会根据中共中央政治局的建议，通过了《关于成立中国人民大学的决定》。1950年10月，以华北大学为基础合并组建的中国人民大学正式开学，《人民日报》以《新中国的新大学》为题，详细地介绍了中国人民大学。1952年，学校已初具规模。到了1953年，为了适应社会主义建设新形势的需要，对办学任务和学科专业进行调整，探索了一条培养新型工农知识分子的道路。

1953年6月，根据教育部院系调整方案，山西大学财经学院以及中央财经学院的部分师资并入中国人民大学。1954年6月，北京对外贸易专科学校与中国人民大学贸易系对外

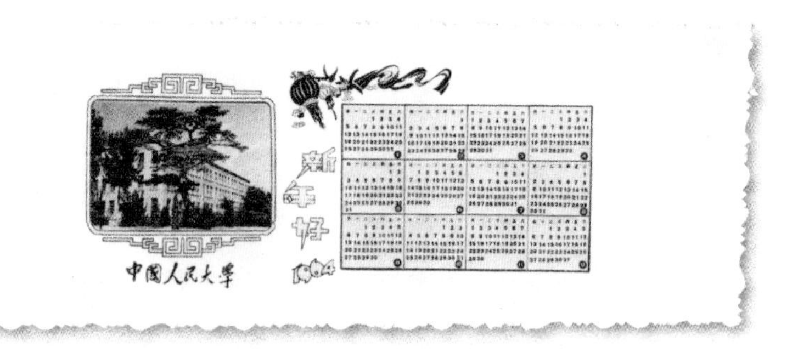

中国人民大学

贸易专业合并，成立北京对外贸易学院。同年8月，中国人民大学外交系独立为外交学院。俄语系并入北京俄语学院。1958年6月，北京大学新闻专业并入中国人民大学新闻系。

这一时期中国人民大学的贺年片数量不多，图案以学校建筑为主。有的以学校教学楼为背景，楼前有松树、柏树围合而成的广场，这里也是拍摄毕业合影的主场地；有的主图案是学校大门。

中国共产党一直重视大学建设。早期的抗日军政大学、陕北公学等诞生于战火纷飞的年代，办学条件十分有限。陕北公学当时甚至连课本都没有，课程也是按七分政治三分军事的比例设置，大多属短期的革命教育。而中国人民大学则是一所新型的正规大学，在70余年的办学道路上，传承陕北公学的革命基因，得到了中央几代领导人的高度重视和关怀，打造了马克思主义理论、哲学、中共党史、社会学等重点学科，为培养马克思主义理论和人文社会科学优秀人才做出了重要贡献。

再见母校

朋友，新年进步
祝您
新年
快乐
北京大学

北京大学创办于1898年，初名京师大学堂，1912年改为北京大学，是中国近现代第一所国立综合性大学。

北京大学是新文化运动的中心和五四运动的策源地，是最早在中国传播马克思主义和科学民主思想、创建中国共产党的重要基地之一，承载、见证和参与了中国近现代诸多重要历史事件，为国家培养了一大批杰出人才。

1949年，北京大学教育系并入北京师范大学。1952年，清华大学、燕京大学的文理科

部分师资并入北京大学。北京大学、清华大学、华北大学三校的农学院合并为北京农业大学。北京大学工学院并入清华大学；医学院独立为北京医学院；地质学系与清华大学等校有关系科组建北京地质学院；法律学系并入北京政法学院。原北大、清华、燕京大学的自然科学、人文学科著名学者齐聚北大，奠定了北京大学文、理两科的学术水平在中国长期领先的地位。

电视剧《觉醒年代》的热播，让观众的目光再次聚焦北大“红楼”。有网友留言，一定要带着自己的孩子去北京大学瞻仰“红楼”。但“红楼”并不在现在的北大校园内，而

是位于北京五四大街上的北京大学旧址。

院系调整后，北京大学从沙滩后街整体迁至原燕京大学的校址。

燕京大学建于1919年，由北京通州协和大学、华北协和女子大学及北京汇文大学合并而成。司徒雷登为校长，他从军阀陈树藩手中以六万银圆购买了淑春园和南部的勺园故址作为校址，称之为“燕园”。由美国设计师亨利·墨菲设计，体现了中国古典建筑的风格，把皇家园林的大气与江南园林的秀气融为一体。建筑布局采用主次分明的轴线系统，建筑功能与环境统一，建筑艺术与环境相协调。当年修建的过程中，由于经费及文化观念的异同等因素，也留下了一些遗憾，但不影响燕园成为中西合璧式建筑的典范。

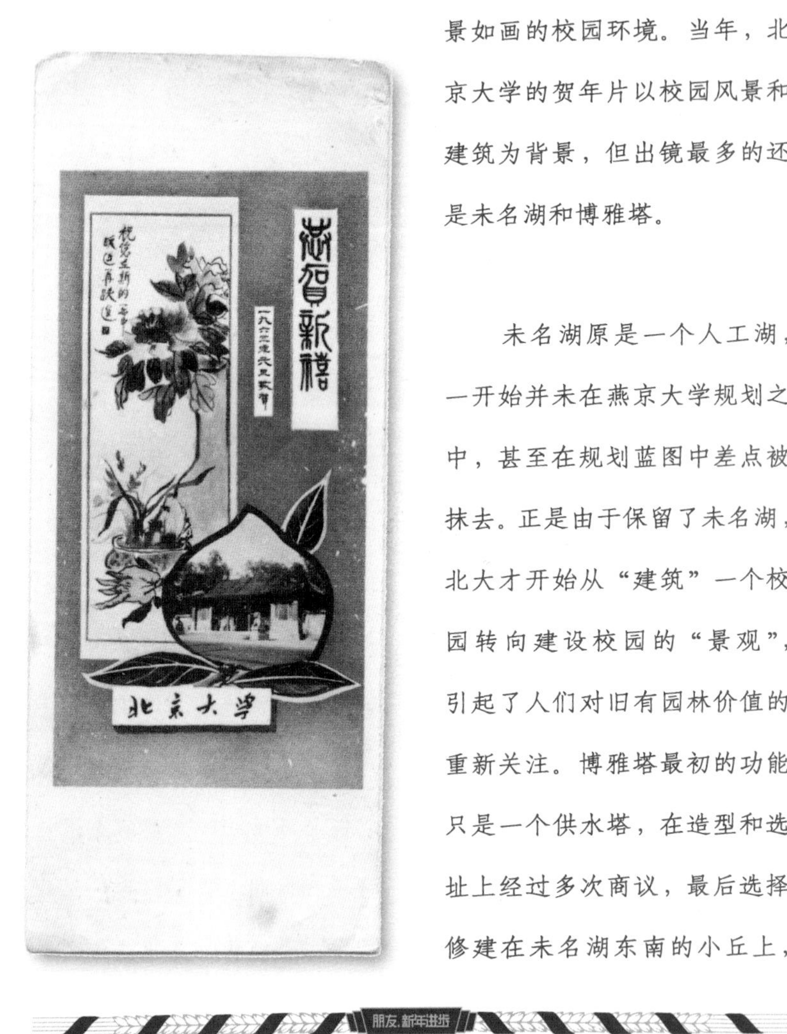

1952年以后，随着学校规模不断扩大，北京大学也陆续新建了不少建筑，充分利用这一难得的文化遗产，营造了风景如画的校园环境。当年，北京大学的贺年片以校园风景和建筑为背景，但出镜最多的还是未名湖和博雅塔。

未名湖原是一个人工湖，一开始并未在燕京大学规划之中，甚至在规划蓝图中差点被抹去。正是由于保留了未名湖，北大才开始从“建筑”一个校园转向建设校园的“景观”，引起了人们对旧有园林价值的重新关注。博雅塔最初的功能只是一个供水塔，在造型和选址上经过多次商议，最后选择修建在未名湖东南的小丘上，取辽代密檐砖塔式建造。燕京校园的建筑都以捐款人的姓氏命名，博雅塔由哲学系教授博晨光的叔父（James W · Porter）捐资而得名。

未名湖一直没有命名，据说钱穆先生提议取名为“未名”。有人猜测，未名是留待“未来命名”之意。正是当初颇受争议的未名湖和博雅塔，构成了今天北京大学标志性的景观。这里曾留下无数名师巨匠的身影，今日更是北大学子和外来游学者的打卡胜地。

再见母校

北京大学

新年愉快
北京大学

HAPPY NEW YEAR

朋友，新年进步

清华大学

1954—1959

清华大学共有八个大门，其中最早的主校门始建于1909年。后因校园扩建，围墙外移，有了新的大门（西大门）之后，这个最早的门楼被称为“二校门”，默默见证了清华大学的历史与发展。

清华大学前身为清华学堂，始建于1911年，是清政府设立的留美预备学校。建校资金源于1908年美国退还的部分庚子赔款。1912年更名为清华学校，1928年更名为国立清华大学。

国立清华大学全体师生被迫走出老校门，是在1937年。这一年，抗日战争全面爆发，清华大学和北京大学、南开大学迁至长沙，组建国立长沙临时大学。1938年又迁至昆明，改称为国立西南联合大学，由清华大学校长梅贻琦、北京大学校长蒋梦麟、南开大学校长张伯苓共主校务，长达九年。在极端困苦的条件下，先后有8000多人就读，他们中很多人在后来成为中国各个领域的骨干，书写了中国教育史上辉煌的篇章。

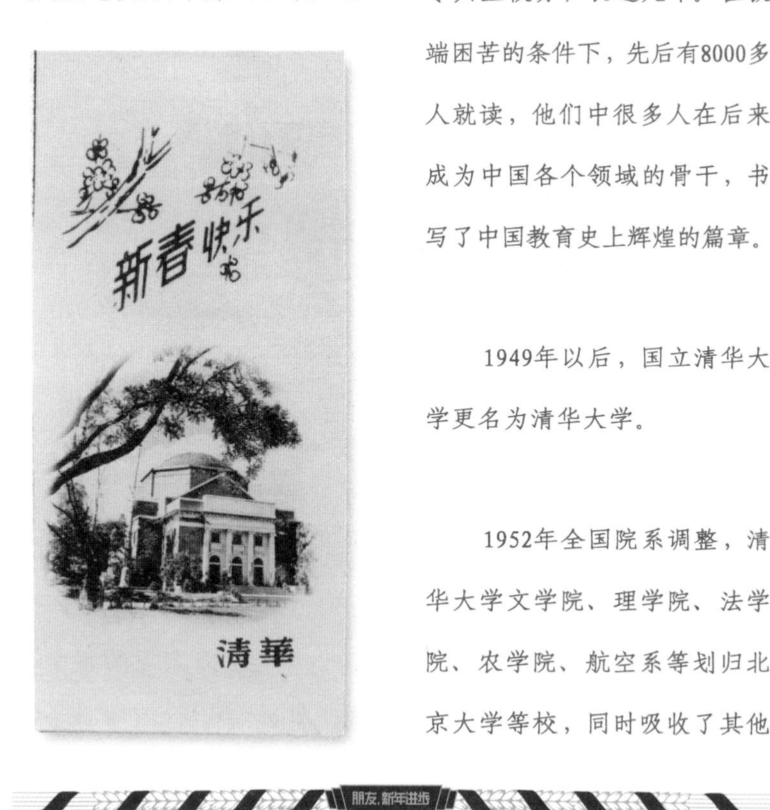

1949年以后，国立清华大学更名为清华大学。

1952年全国院系调整，清华大学文学院、理学院、法学院、农学院、航空系等划归北京大学等校，同时吸收了其他高校的工科院系，成为一所多学科的工业大学，重点为国家培养工程技术人才。

这一年，著名教育家蒋南翔出任清华大学校长，在培养“又红又专、全面发展”的工程技术和尖端人才方面成绩卓越，清华被誉为“红色工程师的摇篮”。

20世纪五六十年代，清华大学印制了很多贺年片，主要以清华二校门、清华学堂、大礼堂、图书馆、工字厅等建筑为主。二校门为青砖白柱三拱牌坊式建筑，门楣上刻有清末大学士那桐的手迹“清华园”，为清华大学最具有代表性的标志性建筑。

二校门似一位衣着得体、阅人无数的守门人，躬迎大师巨匠来校授业解惑，含笑目送学业有成的莘莘学子奔向四面八方。1959年，学校学生会给毕业生定制了一本毕业纪念册，封面、封底印有大礼堂和二校门的照片，内页是蒋南翔校长和院系调整筹委会主任刘仙洲的祝词。蒋校长充满激情地写道："祝贺1959年度全体毕业同学，祝贺39位奖章获得者和304位奖状获得者，你们是新时代的共产主义的种子，你们在解放后清华园的土壤上生根发芽……你们的成就将成为清华教育改革中的新的里程碑，成为建设共产主义的清华大学的宝贵财富。"

再见母校

新年
快乐
清华大学风景

新年好
清华大学风景

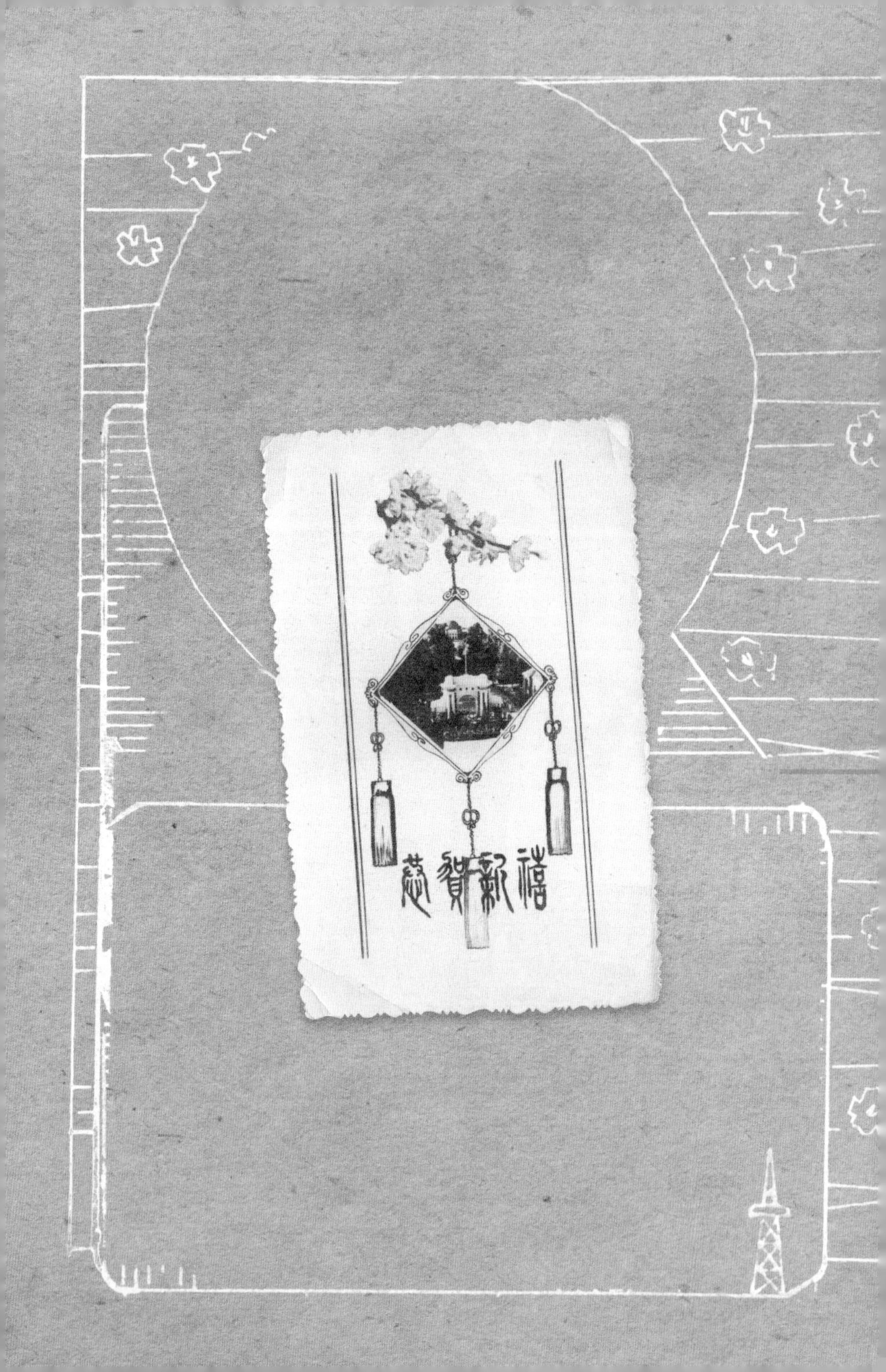
恭賀新禧

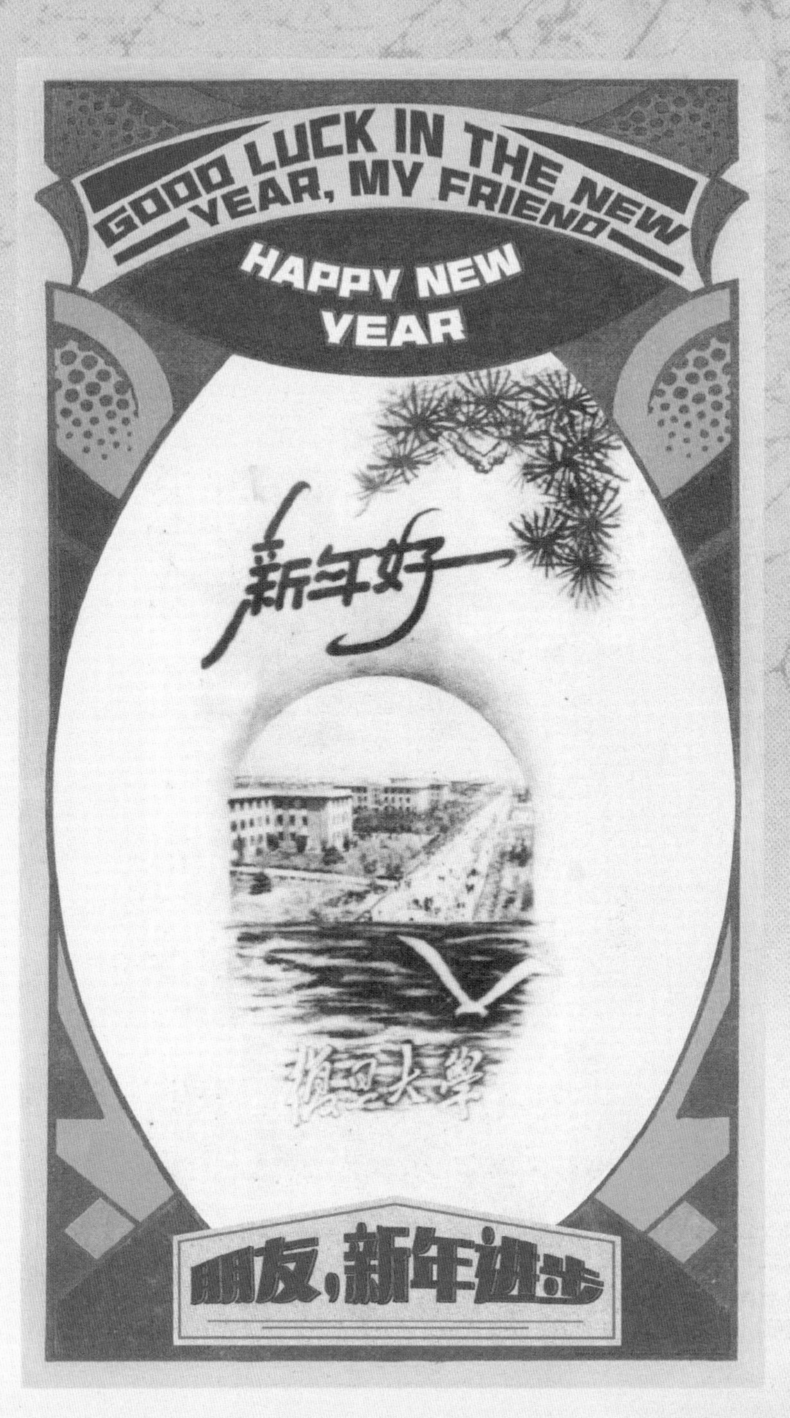
GOOD LUCK IN THE NEW
YEAR, MY FRIEND
HAPPY NEW
YEAR
新年好
復旦大學
朋友，新年进步

复旦大学的前身是1905年创办的复旦公学，是中国较早的民间自由创办的高等学校之一。

同中国早期的大学命运相似，复旦大学也经历了军阀混战、外寇入侵、内迁办学，筚路蓝缕，而一代又一代的复旦学子自强不息，追求光明，以教育图强国，正可谓“日月光华，旦复旦兮”。

1949年5月，上海解放。中国人民解放军上海市军事

管制委员会接管了复旦大学，分别任命张志让、陈望道担任校务委员会正、副主任委员。1952年，中央政务院下聘书，任命陈望道为复旦大学校长。毛泽东曾对美国记者埃德加·斯诺说过：“有三本书特别深地铭刻在我心中，建立起我对马克思主义的信仰……这三本书是《共产党宣言》，陈望道译，这是中文出版的第一本马克思主义的书……”

陈望道早年留学日本，曾在东洋大学、早稻田大学等大学学习。1919年回国以后，投身新文化运动和传播马克思主义，曾任《新青年》编辑。1920年起，在复旦大学任教。

1950年，复旦大学海洋学组并入山东大学。暨南大学的文、法、商三院，同济大学的文、法两院以及浙江大学、国立英士大学部分系科并入复旦大学。1952年，复旦大学法学院、商学院、农学院调出，而浙江大学、交通大学、南京大学、安徽大学、金陵大学、圣约翰大学、沪江大学、震旦大学、大同大学、光华大学、大夏大学、上海学院、中华工商专科大学、中国新闻专科学校等高校的部分文理科院系并入复旦大学。这不仅极大加强了复旦大学基础学科的实力，也集中了江、浙、皖、沪地区一大批优秀人才，如苏步青、陈建功、谈家桢、卢鹤绂等知名教授，也使之成为人文科学和自然科学研究与教学的重镇。

随之而来也出现一个问题，即各个学校都有自己的传统和校风，调入的教授个性迥异，诉求广泛，情绪不稳，甚至对院系调整想不通。陈望道校长做了大量的思想工作，维

护学校师生团结，充分调动了教师教学与科研的积极性。

1954年，陈望道提出“综合大学应当广泛地经常地，结合教学，开展科学研究工作”。从这年开始，一年一度的科学报告会一直延续至今，不断提升学校教学科研能力。他本人也在修辞学、语法学领域成就卓然，为我国语言学现代化、规范化、科学化做出了贡献。

我们看到当年复旦大学的贺年片较为平淡，也许正是吻合了复旦大学这种埋头做事，多年以后厚积薄发的作风。

在复旦大学的一些贺年片及校庆纪念卡片上，学校老建筑是绝对的主角，如奕柱堂、子彬院等，它们见证了复旦百年风雨沧桑，铭刻着一代代复旦人的历史记忆。如今，奕柱堂已改建为校史馆，陈列珍贵的校史文献千余件，呈现学校百余年的办学历程和文脉延绵，让“复旦复旦旦复旦，日月光华同灿烂”的复旦精神薪火相传。

1907年，德国医生埃里希·宝隆创办的德文医学堂，次年改名为同济德文医学堂。1923年正式定名为同济大学，1927年成为国立同济大学，是中国最早的七所国立大学之一。

在同济百年的办学史上有三个特别重要的时期。

1937年抗日战争全面爆发，同济大学开始三年流离、六次搬迁，先后辗转浙、赣、桂、滇，直到1940年才于四川宜宾李庄安定下来。当时只有3000人的李庄，同时涌来了包括同济大学、中央研究院历史语言研究所、中国营造学社等十余所机构共12000多人，李庄的乡绅群体及乡民，义无反顾地接纳了这批中国学术界精英。在李庄六年的时间，同济大学师生们同舟共济，教学不辍。在极端困苦的条件下，有

3000多名同济学生在李庄毕业，吴孟超等莘莘学子成为新中国建设的栋梁之材。

中华人民共和国成立以后，为配合国家教育资源的统筹布局，同济大学经历了多次院系调整。我们从1954年编印的《同济大学》中可以看到该校院系调整的基本情况：1949年，文学院和法学院并入复旦大学；1950年，同济医学院和附属同济医院迁往武汉，与武汉大学医学院合并，改名为中南同济医学院；1951年，理学院生物系并入华东师范大学；数学、化学、物理系除保留基础的工科教学外，大部分并入复旦大学、华东化工学院；1952年，工学院机械系、电机系和造船系并入上海交通大学；土木系水利组与其他高校水利专业参与组建华东水利学院。同济大学原有的文、法、医、理及机械、电机、造船等优势学科支援其他院校。同时，上海交通大学、震旦大学和圣约翰大学等全国十多所大学的土木建筑相关学科汇入同济大学，使之成为国内土木建筑领

域规模最大、学科最全的工科大学。

据1954年《同济大学校况介绍》记载，经过院系调整，同济大学把办学目标改定成为新型的测绘土建类工业大学，但两年后，工学院测量系整体迁往了武汉，组建武汉测绘学院。

改革开放以后，同济大学恢复了与德国的联系，由封闭办学转向对外开放办学；拓展学科范畴，上海建材工业学院、上海城建学院、上海铁道大学、上海航空工业学校陆续并入同济大学；成立新的同济医学院，重建医科。由此，同济大学实现了由土建为主的工科大学向以理工为主的综合性大学的转变，培养了一大批杰出的政治家、科学家、教育家、企业家，以及医学和工程技术专家。

同济大学贺年片主要集中在20世纪60年代，内容以校园建筑为主，体现了学校土木建筑的专业特色。1960年同济大学大礼堂动工，1962年竣工，当时号称“远东第一跨”，采用当时最先进的薄壳拱型结构屋架，内部空间没有一根立柱。1960年至1962年同济大学的贺年片都表现了学校大礼堂的形象。还有的绘有手举火镩的炼钢工人和赶着牛车的学农师生，具有强烈的时代气息，彰显了同济人“同心同德同舟楫，济人济世济天下”的宽阔胸怀、达人渡己的理想境界。

再见母校

1962
新年快乐
同济大學

1962
認真学习 天天向上
同济大學

为中华之崛起而读书

南开大学和一位杰出校友的名字紧密相连，他就是中华人民共和国第一任总理——周恩来。

1919年，爱国教育家严修、张伯苓在天津创办了南开大学，初设文、理、商三科，周恩来是文科第一期学生。

早在1913年，怀揣“为中华之崛起而读书”志向的周恩来考入了南开学校。南开学校注重德、智、体、美并进的教学理念，严格的学习和生活制度深深影响了青年时代的周恩来。1917年毕业时，他给同学们留下“愿相会于中华腾飞世界时”的赠言。1919年，周恩来在日本留学时，得知南开学校即将办大学部的消息，于是决定回南开继续深造。

这一年，爆发了震惊中外的五四运动，周恩来领导了天津爱国学生运动，创办《天津学生联合会报》并任主编，参与发起建立青年进步组织觉悟社。1920年1月，周恩来等学生领袖组织天津各学校数千人，到北洋政府直隶省公署请愿，遭逮捕，后经多方营救获释。严修与张伯苓商议，用学校设立的“范孙奖学金”资助周恩来和其他学生留学，去欧洲寻求救国真理。

1937年，日军炮轰南开大学，大部分校舍被毁。同年8月，南开大学与北京大学、清

华大学联合组建国立长沙临时大学。1938年4月，南开大学迁至昆明，改称西南联合大学。同年5月，校长张伯苓去武汉筹集办学资金，100多名南开校友举办募捐集会，周恩来出席并讲话。他给校友们分析抗战形势，回忆了在南开大学所受的教诲和熏陶：“南开除严格之训练与优良之校风外，有两点至可注意：一为抗日御侮之精神，一为注意科学训练。”

1949年天津解放，南开大学开启了新的征程。1952年全国院系调整，天津大学理学院的数学系、物理系并入南开大学，由一所学科比较齐全的大学，变成了文理并重的综合性大学。郑天挺等一大批专家调入南开大学，王赣愚等一批国外留学生纷纷回国，加入南开大学的教学工作，奠定了今天南开大学在全国化学、数学、历史学、经济学等学科举足轻重的地位。

改革开放以来，南开大学利用老专业基础深厚的优势，建立了一批新的专业和研究机构，重点拓展交叉、边缘和高科技专业，发展成为一所包括人文科学、自然科学、技术科学、生命科学、管理科学等多学科的综合性研究型大学。

1950年，毛泽东主席亲笔书写南开大学校名，并于1958年莅临学校视察。周恩来总理于1951年、1957年和1959年三次回母校看望师生。如今，南开大学成立了周恩来研究中心，设立“周恩来班”和“周恩来奖学金”。“为中华之崛起而读书”成为南开大学的精神旗帜，代代相传。

朋友，新年进步
身在津大 胸怀全球

恭賀新禧

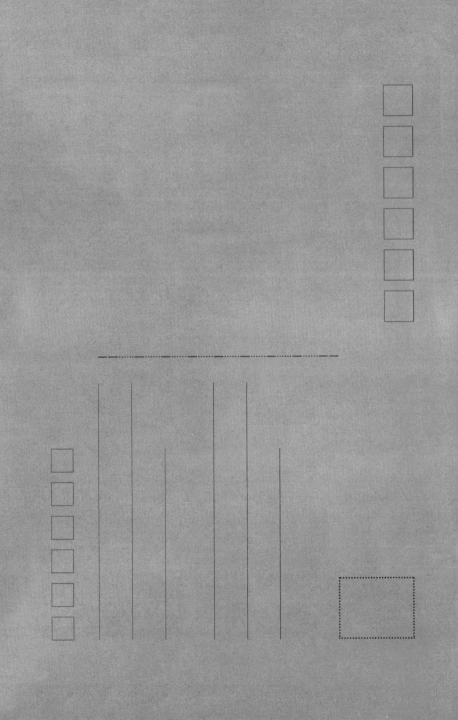

中日甲午海战战败后，举国图强。有识之士意识到“自强首在储才，储才必先办学”，洋务运动重要人物盛宣怀开始筹备办学。1895年，光绪皇帝批准成立北洋西学学堂，次年更名为北洋大学堂，即天津大学的前身，是中国第一所以“大学堂”命名的高等学校。

1912年，北洋大学堂改名为北洋大学校，翌年改称国立北洋大学。

国立北洋大学历史上的第一次大调整是在1917年。国民政府教育部决定把该校改为专办工科学校，法科并入北京大学，北京大学工科并入北洋大学。

第二次调整是在1952年。一年前，北洋大学与河北工学院合并，定名为天津大学，设土木、水利、采矿、纺织、冶金、机械、机电、化工、地质、数学、物理共11个系。这次院系调整中，南开大学和津沽大学的工学院，清华大学、北京大学、燕京大学、唐山铁道学院等校的化工系，北京铁道学院的建筑工程系等院系并入天津大学。天津大学数学系、物理系，并入南开大学。

此后陆续从天津大学调出的科系还有：地质系调入北京地质学院；以冶金系、采矿系金属矿组为主体，组成北京钢铁学院；采矿系采石油组并入清华大学石油工程系；航空系并入清华大学航空学院；水利系农田水利及土壤改良专业调至武汉水利学院；土木工程系测量专业调整到武汉测绘学院；矿业工程系调出并成立河北矿冶学院；纺织工程系调出并成立河北纺织工学院；化学工程系造纸专业调至天津轻工学院；以电信系为主体组建了北京邮电学院。天津大学贡献了自己重要的科系，成就了中国诸多的重点大学。如今，这些知名高校的校史上，均铭记着与天津大学的渊源。

在1955年编辑的《天津大学》介绍中，该校还保留有机械、化工、电力、水利、土木、纺织等7个工业工程学系，20个专业；教师650人，其中教授98人；学生5000人；校园面积2500亩；专业教研室58个，公共课教研室11个；实习工厂和实验室54个，其中，机械实习工厂有各种机床200余台，化学实验室可以同时容纳500多名学生做实验。由此可见，天津大学成为一所新型多科性工业大学。

1958年，天津大学又抽调力量组建了河北工学院；1978年以后，又陆续组建了天津城市建设学院（今天津城建大学）、天津理工学院（今天津理工大学），为天津的高等教育事业贡献了自己的力量。同时，天津大学也不放弃“穷学理，振科工”的办学方向，从而进入了理工结合、文理渗透、学科交叉的全国综合性重点大学行列。

百余年的办学历程，练就了天津大学敢于担当和放眼四海的独特气质。1965年，学校印制了一张颇有天津人幽默和豪气的贺年片，上面写着“身在津大，胸怀全球”。

再见母校
FEIYUEDE
天津大学
1959
天津大学
恭贺新年
1960
新年好
XINNA KUAILE
1960
天津大学电五

恭賀
新年
1964

天津大学

辞旧岁
迎新年
1962
天津大学

1956年，中央政府发出了向现代科学进军的号召，制订了《1956—1967年科学技术发展远景规划》，新中国科技领域进入了快速发展期。当时最新科学技术的运用尚处在萌芽阶段，科技战线急需补充优秀的后备力量，中国科学院依托自身的优势，创办了一所培养新兴、边缘、交叉学科尖端科技人才的创新型大学。

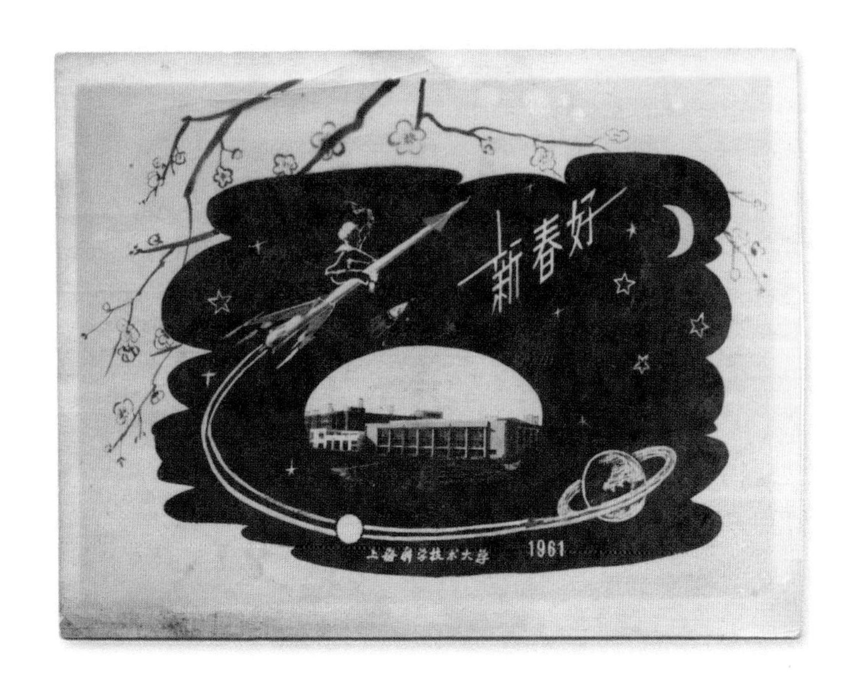

1958年，中国科学技术大学在北京成立，首任院长由郭沫若兼任。建校后，中科院实施“全院办校，所系结合”的办学方针，汇集了严济慈、华罗庚、钱学森等一批著名科学家，1959年被列为全国重点大学。

中国科学院上海分院1958年在上海成立，命名为上海科学技术大学，1994年与他校合并组建为上海大学。

20世纪五六十年代，还成立了一批中科院创办的院校：1958年成立的长春光学精密机械学院（现长春理工大学）；1961年成立的甘肃科学技术大学（现并入兰州大学）。1955年，中国科学院开启研究生招生工作，1964年在北京试办“中国科学院研究生院”，后逐步发展为今天的中国科学院大学。

这个时期科技大学的贺年片主题非常鲜明。中国科技大学贺年片的画面是飞机直冲云霄；上海科学技术大学贺年片的画面则充满浪漫想象，一少年骑着火箭向月球奔去。

“文革”中，中国科技事业受到极大冲击。1970年，中

国科技大学南迁安徽合肥办学，仪器设备损失过半，教师队伍流失严重。

1978年，全国科学大会召开，邓小平提出了“四个现代化，关键是科学技术的现代化”的重要论述，成为中国科学技术发展的一个重要转折点。时任中科院副院长的方毅在报告中指出，要集中力量，恢复、加强和新建一批急需的基础科学和新兴科学技术的研究机构。中科院曾将黑龙江工学院、浙江大学、成都工学院三所大学划归直属管理，并将黑龙江工学院更名为哈尔滨科技大学，成都工学院更名为成都科学技术大学。

早在1974年，物理学家李政道就提出办少年班的设想，得到毛泽东的认同，只是当时条件有限未能实施。1977年，江西冶金学院一位老师给方毅写信，举荐江西赣州13岁的天才少年宁铂上大学，促成了中国科技大学少年班的诞生。

1978年，中国科技大学少年班招生的消息轰动全国。据1980年《中国科学技术大学》统计，少年班已先后招收四期共145名学生，其中女生21名，平均入学年龄15岁，最小的只有11岁。

这种打破常规，选拔、发现人才的教育模式，深深刺激和激励了曾被“读书无用论”所误导而荒废学业的一代青年，奋起直追、刻苦学习、振兴中华成为20世纪80年代青年的集体写照。

全国科学大会以后，全国新建或更名科技大学的高校越来越多，这次大会的召开是中国科学技术史上的一座里程碑，“科学的春天到来了！”

再见母校

“国有成均，在浙之滨。”

1897年，在中国东南浙水之畔，创办了一所新式高等学校——求实书院；1928年，定名为国立浙江大学。

1936年，著名气象学家竺可桢临危受命，担任浙江大学校长。1937年，学校开始西迁，1939年后迁至贵州遵义、湄潭等地办学达7年之久。在炮火连天、颠沛流离的环境里，竺可桢以“求实”为校训，汇聚王淦昌、苏步青、束星北、卢鹤绂、谈家桢、贝时璋等著名科学家，培养了一批像李政道、叶笃正、谷超豪、程开甲这样的杰出人才，学校奇迹般地从战前只有文理、农、工3个学院、16个系的地区性大学，一跃成为有文、理、农、工、法、医、师范7个学院、25个系、9个研究所、1个研究室的综合大学，是当时国内有影响的几所著名大学之一。

不愿做校长的竺可桢却当了13年浙大校长，直到1949年。1949年8月，著名教育家马寅初出任浙江大学校长，两年后调至北京大学当校长。

1952年的全国院系调整中，浙江大学部分系科转入其他院校和中国科学院，留在杭州的主体部分拆分成了四所大学，即浙江大学、杭州大学、浙江农学院（后更名为浙江农业大学）和浙江医学院（后更名为浙江医科大学），从一个综合性大学暂时变成了多科性的工业大学。

1957年，经教育部批复，浙江大学开始恢复理科专业，后来陆续重建了数学系、物理系、化学系、地质系，重新走上理工结合的办学道路。1963年，成为教育部直属的全国重点大学。

拆分出来的四所大学，在当年都印制了自己的专属贺年

片，相对来说，浙江大学的数量较多。有一张1959年浙江大学的贺年片，上面绘有一对凌空曼舞的敦煌飞天，天花流云，霓裳广带，俯视着山水之间的浙江大学。20世纪50年代，这种题材的大学贺年片非常少见，敦煌也远远没有今天这样的热度，这张贺年片的诞生也许是源于深受传统文化浸润的浙大人追求自由创新的大胆表达吧。

正是这一年，一个叫路甬祥的学生考入了浙江大学机械工程系水力机械专业。谁也不会想到，他后来成为浙江大学校长和中国科学院院长。1988

年，路甬祥出任浙江大学校长，他在竺可桢制定的“求实”校训基础上，增加了两个字“创新”——“求实创新”，推动着浙江大学同步于时代，并不断地取得进步和发展。

1998年，曾经从浙江大学分离出的杭州大学、浙江农业大学和浙江医科大学实现合并，浙江大学再次迈上快速发展的道路，致力于建设一所世界一流的综合型、研究型、创新型大学。

《浙江大学校歌》原名《大不自多》，创作于1938年，由浙江大学校友、著名国学家马一浮作词。大不自多，海纳百川，从不持学大而自满自夸，这是浙江大学的精神品格和大家风范。

再见母校

1959
с Новым годом!
浙江大學

1961
浙江大学

新年快樂
1964
祝您進步
1964
浙大
1964
浙江大学
恭賀新禧
一九六四年

新年好
1963
浙江大學

GOOD LUCK IN THE NEW YEAR, MY FRIEND
NEW YEAR'S GREETING CARDS
NEW YEAR'S GREETING CARDS
朋友，新年进步

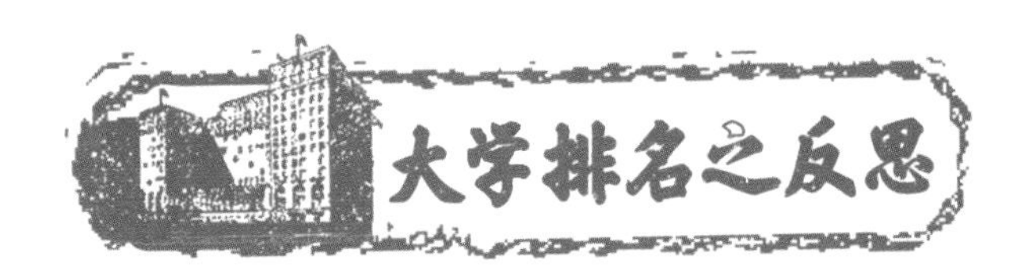

南京大学历史肇始于1902年创建的三江师范学堂，历经两江师范学堂、南京高等师范学校、国立东南大学、国立中央大学等历史时期，1950年定名为南京大学。

1952年全国院系调整对南京大学的影响巨大。调整前，南京大学拥有7个学院（文、理、工、农、法、医、师范）。调整后，工学院独立为南京工学院；工学院水利系与其他院校相关系科组建了华东水利学院；工学院航空工程系与交通大学、浙江大学两校的航空系合并组建华东航空学院；师范系独立成为南京师范学院；农学院与金陵大学农学院合并组建南京农学院；农学院森林系与金陵大学农学院森林系合并组建南京林学院；医学院改称解放军第五军医大学，1954年迁至西安，并入第四军医大学；法学院经济学系调至复旦大学；法学院法律系和政治学系调至华东政法学院；文学院哲学系并入北京大学哲学系。保留的相关系科与金陵大学文理学院合并，校址从四排楼迁至鼓楼金陵大学旧址。

南京大学的院系调整至1954年结束。1955年元旦，有两张特别的南京大学贺年片，一张是北大楼远景，另一张为东南大楼全景，由该校学生会摄影社制作。据考证，1955年之前出现的大学贺年片非常稀少。院系调整带来了教师和学生的大范围流动，贺年片成为人们表达情感的一种载体，赠

老师，送同学，以表达思念和祝福。1955年以后，大学贺年片开始呈现大量印制和流行的趋势，也许和大规模的院系调整有一定的关系。

院系调整后，华东水利学院、南京师范学院等分出去的学院，其贺年片都使用了同一图案，只是更换了不同的校园建筑和校名。画面中是一男青年雕像，身材健硕，左臂伸展，身体似腾空而起，左手似擎着一枚火箭。画面上方写着“新年进步”字样（见P296南京师专贺年片）。这一现象说明院系调整后各学院之间仍有着千丝万缕的联系，贺年片也成为当地师生相互联系、交流、借鉴、激励的桥梁和纽带。今天的师生也许不太了解这次院系调整，但这些贺年片是这次调整最直观的见证。

2022年是南京大学建校120周年，以科学名世，格物致知，追求真理的科学精神和传统，始终贯穿于南京大学的发展史中，成为南京大学办学最重要的特色。今日南大，以“加强应用、注重基础、发展边缘、促进联合”为发展方针，调整科研布局，加强科研组织，整体提升原创科研能力与水平，力争建设成为我国重要的科学研究中心。

2022年，南京大学公开表示，该校的学科发展和学科建设均不再使用国际排名作为重要建设目标，消息一出，引发了广泛关注和讨论：拒绝排名，我们如何建立起符合自己的高校教育标准和评估体系？大学要回归其重要的价值——育人，评估体系也应该以育人作为最重要的评估指标。

再见母校

南京大学

1964

恭贺新禧

新年进步
南京大学

朋友，新年进步
FRIENDS PROGRESS
Happy New
Happy New Year
新年好
北京师范大学

北京师范大学前身为1902年创办的京师大学堂师范馆。甲午战争失败，清政府签订了屈辱的《马关条约》，有识之士急起救国图存，提出开办新学，培养人才。

京师大学堂师范馆之后曾多次更名，如京师优级师范学堂、国立北京师范大学校、国立北平师范大学、北京师范大学等。

1937年抗战全面爆发，学校被迫西迁，参与组建国立西北联合大学；1939年，国立西北联合大学解体，独立为国立西北师范学院，部分师生参与国立西北大学的建设；抗战胜利后回到北平，部分师生留守兰州继续建设西北师范学院；1949年北平和平解放，复用“北京师范大学”原名。

北京师范大学是中国历史上第一所师范大学。在早期的办学过程中，涌现出一大批知名学者和教育家，如近现代维新派领袖学者梁启超，中国共产党的主要创始人和早期领导者李大钊，文学家、思想家鲁迅，历史学家陈垣等。

1952年全国院系调整，北京大学教育系、燕京大学教育系、中国人民大学教育研究室专修班、辅仁大学的主体先后并入北京师范大学。从1929年开始就在辅仁大学当校长的陈垣，于1952年开始任北京师范大学校长。1959年，北京师范大学被中共中央确定为首批全国重点大学，79岁的陈垣也是在这年加入中国共产党。

1955年编印的介绍学校的小册子《北京师范大学》中，特别强调高等师范学校办得多少和好坏，直接影响到中等学校学生的数量和质量，反过来又直接决定着培养国家专门建设人才的其他高校的生源。学校还在1953年拟订第一个五年发展计划，预计到1957年全校师生发展到6000人，再隔一段时间发展到8000人。为此，在北京城外新的教学大楼和校舍一座座耸立起来。

北京师范大学的贺年片，也制作于陈垣当校长这段时间，整体设计讲究，端庄大气，自然平和，很多印有毛泽东题词：“为教育新后代而努力。”还有一张为陈垣亲笔抄录：“我们的教育方针，应该使受教育者在德育、智育、体育几方面，都得到发展，成为有社会主义觉悟的有文化的劳动者”，表明了北京师范大学

对办学方针、目标的整体把握。1963年，毛泽东题词“向雷锋同志学习”，全国各地掀起学雷锋的热潮，一向重视学生师德养成教育的北京师范大学，把“向雷锋同志学习”的题词印在贺年片上，更是落实“学为人师，行为世范”办学宗旨的具体体现。

如今，北京师范大学明确了建设“综合性、研究型、教师教育领先的中国特色世界一流大学”的办学定位。

再见母校

恭贺新年

北京師範大學

XINNIANHAO

新年好

北京師範大學

北京師大

恭賀 1964 新禧
丰
北京師範大學

厦门大学于1921年成立，这是中国近代教育史上第一所由华侨创办的大学。1937年，爱国华侨陈嘉庚先生将私立厦门大学交给国家，更名为国立厦门大学。1949年，国立厦门大学更名为厦门大学。

1950年，原省立福建农学院及政治系、法律系、经济系

并入厦门大学。1952年，厦门大学航空系、海洋系、土木系、电机系、机械系、法律系分别调整到南京航空学院、山东大学、浙江大学、南京工学院、华东水利学院、华东政法学院和上海财经学院。1954年，厦门大学教育系调整到福建师范学院。1958年，又将数学、物理、化学三个系部分师生及有关图书、仪器设备调配到新建的福州大学。此时，厦门大学已成为文理科综合性大学，以一己之力成就了众多知名大学的学科建设。1963年，经中共中央批准，厦门大学成为教育部直属全国重点大学。

厦门大学地处厦门岛南端，依山傍海，风光秀丽，加之校内独特的建筑，被誉为中国最美大学之一。

群贤楼群是厦门大学的“祖屋”，是由陈嘉庚先生倾其资产修建的第一批校舍。据说，当初的设计是五座大楼成“品”字形布局，而嘉庚先生修改了图纸，让大楼一字排开，面向大海的连廊将各自独立的建筑贯通。站在廊道的尽头，可以看到众多学生前行的身影。群贤楼为主楼，位于中间，采用闽南民居“山川背”歇山顶样式，高低错落，富有节奏；两边是集美楼与国安楼，以中式风格为主，花格屋脊，石质墙体，典雅独特；分列东、西两端的映雪楼和莹楼，其建筑风格趋于西洋样式。整个楼群的建筑风格中式为主，中西融合，体现了陈嘉庚先生对民族文化的崇尚和敬重，以及包容和学习外来文化的开放心态。厦大建筑被业界称为“嘉庚风格”。

20世纪60年代厦门大学的贺年片上，已经出现建南楼群的身影。拍摄者用长焦镜头，突出主楼建南大礼堂依山而建的气势，近景则截取半椭圆形大运动场的局部，高与平、远与近的对比构图，使画面既冲突又统一。这组建筑群由陈嘉庚先生督建，其女婿李光前先生捐资，1951年始建，1954年完工，是厦门大学最具魅力的建筑。

到了2001年，由厦门大学师生设计的嘉庚群楼，在母校八十华诞时落成。同样继承了“一主四从”传统布局，整体风格却富有现代感，成为厦门大学新的标志性建筑。从群贤楼群至建南楼群再到嘉庚楼群，不仅是厦门大学建筑美学的继承与发展，更是“心有至善，身有自强”的嘉庚精神在建筑上的体现，似一座座丰碑，永远矗立在厦大人心中。

恭賀新禧
厦门大学
赠

春节愉快

恭賀新禧
GONG HE XIN XI
厦门大学建南大礼堂

朋友，新年进步
恭贺新禧
祝您进步
恭賀新禧
HAPPY NEW YEAR!

大好神州是故乡

在中国著名的侨乡广东、福建，有两所为华侨服务的高等学府——暨南大学和华侨大学。

暨南大学是中国第一所由政府创办的华侨学校，前身是1906年清政府在南京创立的暨南学堂。1923年改为大学部学校，从南京迁至上海；1927年更名为国立暨南大学；1949年

合并于复旦大学、交通大学等高校。1958年，暨南大学在广州复建。

1960年，经周恩来总理批准，在福建省泉州市成立了华侨大学，这是新中国第一所以“华侨”二字命名的高校。1983年，被中共中央确定为国家重点扶植大学。

厦门的集美大学虽然没有冠以“华侨”的名称，却是爱国华侨陈嘉庚先生所创办，始于1918年的集美学校师范部和1920年的集美学校水产、商科。1994年，集美师范高等专科学校、集美航海学院等合并组建集美大学，是经教育部批准，较早招收港澳台学生、华侨学生的院校。

华侨是指居住在国外的中国公民。据现有的文献记载，秦汉时期，中国已有丝绸之路通往西域，有船舶东渡日本，当时就有人留居他乡。唐代也有很多人在国外定居，这是中国华侨史的开端。

19世纪中叶为华人大规模移民的时期。彼时国家贫弱，民不聊生，华人去海外寻求生路。改革开放以后，一些中国人通过与亲人团聚和留学等方式移居国外，华人华侨的数量急剧增加，海外侨胞总数逾6000万，分布在世界近200个国家和地区。

暨南大学注重以中华民族优秀传统文化培养造就人才，以“面向海外，面向港澳台”为办学方针，建校以来，共培养来自五大洲、170个国家，以及中国港、澳、台地区的各

类人才40余万。“有海水的地方就有暨南人，有暨南人的地方就有暨南大学”，其校友遍布世界各地。

华侨大学秉持“为侨服务”的办学宗旨和“汇通中外，并育德才”的办学理念，全心全意培养华侨子孙和世界各地人才，向全球传播中国优秀文化，让全世界华人感受到“大好神州是故乡”。

20世纪80年代中期，暨南大学、华侨大学对招生制度进行了改革，从当年的招生简章中看到，为方便和扶助港澳和海外青年回来学习，学校分别在香港、澳门设立报名点和考场，录取学生免交学费和住宿费，享受公费医疗。安排资深教授指导学生，为学生创造良好的学习、生活条件。

集美大学有着和华侨的深厚渊源，以及临近东南亚，中国港、澳、台地区及“海上丝绸之路”沿线国家的区位优势，积极推动教育对外开放，与全球100多所知名大学和科研机构建立交流合作关系。集美大学还是福建省及集美区台湾青少年研学旅游基地、香港特别行政区政府“青年内地双向交流计划”资助单位，是福建省首批“海外华文教育基地”。

再见母校

恭賀新禧
1964
華僑大学

I III V VII IX XI
HAPPY NEW YEAR!
1 · 3 · 5 · 7 · 9 · 11 · 13 · 15 ·
17 · 19 · 21 · 23 · 25 · 27 · 29 · 31
武漢大学
朋友，新年进步
II XII

《女大学生宿舍》

1980年初秋，正值开学季，一名叫喻杉的新生，背着行李来武汉大学中文系报到。这所让她心仪的大学，拥有碧波万顷的东湖，灿若烟云的樱花，还有“八角飞檐”老建筑所散发出来的人文气息。

这是一个对年轻人成长给予包容和鼓励的时代。喻杉也正是这个时期来到了武汉大学，她把大学校舍作为观察社会和生活的场域，把有关青春、友谊和奋进的时代主题写进了短篇小说《女大学生宿舍》，在武汉市文联刊物《芳草》杂志上发表，引发了青年学子们的共鸣。1984年，根据喻杉小说改编的同名电影获得中国优秀电影奖。

1893年，湖广总督张之洞创办了自强学堂，1928年定名为国立武汉大学，乃近代中国第一批国立大学。1949年武汉解放时，国立武汉大学更名为武汉大学。

20世纪50年代初期，武汉大学经历了多次的院系调整。1950年，湖南大学水利系划归武汉大学；武汉大学医学院分出，与上海同济大学医学院合并成立中南同济医学院。1952年，南昌大学、河南大学的水利系划归武汉大学，与武汉大学水利系合并组建水利学院；武大农学院分出，与湖北农学院合并组建华中农学院；哲学系并入北京大学，矿业系调入中南矿冶学院。1953年，武大

工学院电机系电信部分、土木系建筑设计部分调入华南工学院，土木系并入中南土木建筑学院；机械系从武大分出参与组建华中工学院；外文系英文组并入中山大学。1954年，水利学院从武大分出，成立武汉水利学院。“文革”中，武汉大学受到沉重的打击，直到1977年中国恢复高考制度，武汉大学才走出低谷。

20世纪80年代的中国，终于迎来了科学和文艺的春天。这期间，武汉大学的领导锐意改革，增设新的专业，扩大和世界著名大学的合作交流，为学生创造更宽松的学习环境。

怀揣实现“四个现代化”的理想，学子们如饥似渴地勤奋学习。同时，武汉大学的社团组织也非常活跃。教室里常常听到学生们关于康德、黑格尔哲学的辩论，图书馆里同学们在阅读路遥的《人生》、张洁的《沉重的翅膀》，朗诵着舒婷的诗歌《致橡树》；从校舍窗户飞出的是罗大佑的校园歌曲《童年》。学生的美术展览也会请专业美术院校的教授来指导。

武汉大学新闻系摄影班号称是中国当代摄影艺术的“黄埔军校”，爱好摄影的同学们来这里旁听，了解最新的摄影观念，学习操作技巧，也设计了不少武汉大学的贺年片。与20世纪50年代的师兄师姐相比，他们的作品省去了繁复的图案和文字，更加讲究摄影的个性语言，呈现出清新硬朗的风格。

武汉大学

春节
新年好
XINNIANHAO
恭賀新禧

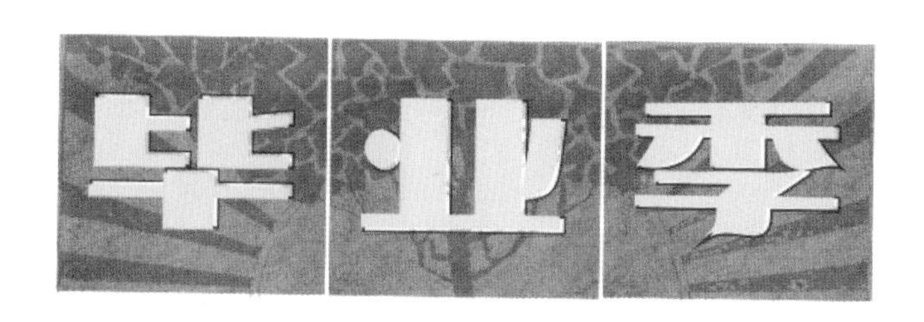

1924年，孙中山先生亲自将广州地区多所高校进行整合，创立国立广东大学。同年6月，学校举行校长就职和学生毕业典礼，孙中山委托总议长胡汉民在会上宣读训词："学海汪洋，毓仁作圣。大学毕业，此其发轫。植基既固，建业立名。登峰造极，有志竟成。为社会福，为邦家光。勗哉诸君，努力自强。"

祝贺中山大学建校五十五周年
并祝全校工作同志和全体师生
在新长征的道路上为祖国
四个现代化做出贡献！

宋庆龄
一九七九年十月

隆重庆祝中山大学建校五十五周年
1979·11·12

图書館

第二年，孙中山逝世，廖仲恺提议将广东大学更名为中山大学，1926年定名为国立中山大学。之后，国内出现多所以“中山”为名的大学，在蔡元培先生建议下，除保留广州一所以资纪念外，其他中山大学均改为所在地名。

今日之中山大学，由1952年全国院系调整后分设的中山大学和中山医科大学于2001年合并而成，是一所以“综合性、研究型、开放式”为特色的全国重点大学。

1952年，中山大学工学院、农学院、医学院、教育学院调出，分别参与组建华南工学院、华南农学院、华南医学院、华南师范学院，天文系调至南京大学，哲学系调至北京大学，人类学系调至中央民族学院，地质系调往中南矿业学院。

到了1953年，开始了第二次调整。财经政法系分别调至武汉大学、中南财经学院和中南政法学院。1954年，语言系调至北京大学，同时将武汉大学、湖南大学、南昌大学、华中师范学院、广东法商学院有关系科调至中山大学。1952年全国院系调整后，原中山大学文理院系与岭南大学文理院系合并，成立了新的中山大学，原中山大学校区从石牌迁至原岭南大学校址。

中山大学的贺年片上多为校园建筑，如小礼堂（即怀士堂）、惺亭、孙中山纪念馆（即

小礼堂

神甫屋）和图书馆（即马丁堂）。这些建筑即岭南大学原校址康乐园建筑群的一部分，院系调整后岭南大学并入中山大学，这些建筑见证了复杂的学校变迁史。

1912—1924年，孙中山曾多次到岭南大学视察并演讲。1912年，孙中山在岭南大学的马丁堂发表题为《非学问无以建设》的演讲，1906年落成的马丁堂是中国第一栋钢筋混凝土混合结构建筑，曾长期用作图书馆馆舍。

1923年，孙中山又在岭南大学的怀士堂做长篇演讲，勉励青年“诸君立志，是要做大事，不可要做大官”。怀士堂于1917年落成，建成初期学校每年的毕业典礼会在此举行，直至今日，中山大学的学子在毕业前也仍然要去怀士堂前的草地上拍照留念。

康乐园建筑群的另一幢建筑神甫屋也出现在一张明信片和校园日历上。神甫屋从1953年至1994年改用作中山大学孙中山纪念馆。

1924年，孙中山创办了中山大学，1952年院系调整后，岭南大学的这些建筑继续服务于中山大学的师生，至今仍是中大校园中独特的风景线。

这些纪念性卡片有不少是学校学生会制作的，由此可见，这些卡片不仅承载着丰富的历史信息，也寄托着当时的学子对学校的情感。一届届毕业生从这里走向社会，身后是那句嘱咐——“为社会福，为邦家光，勖哉诸君，努力自强”。

再见母校

新年好
1964
中山大學
ZHONGSHAN DAXUE
海滨校门

中区
中山大學
1984

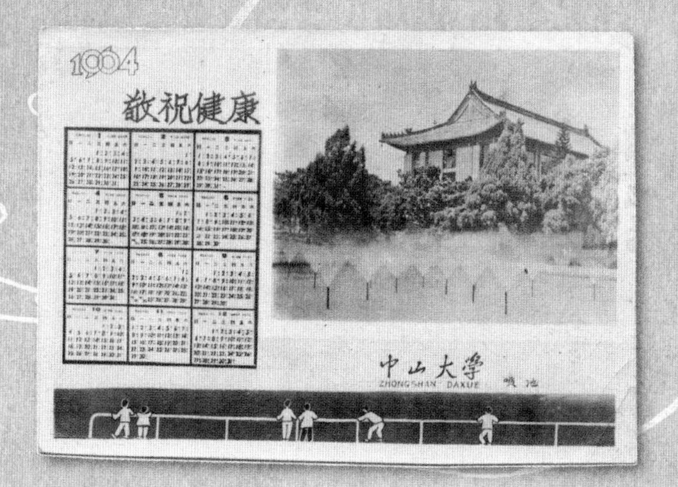
1964
敬祝健康
中山大學
ZHONGSHAN DAXUE

恭賀春禧
中山大學

FRIENDS
PROGRESS
華東政法學院
HAPPY NEW YEAR

春节愉快
朋友，新年进步

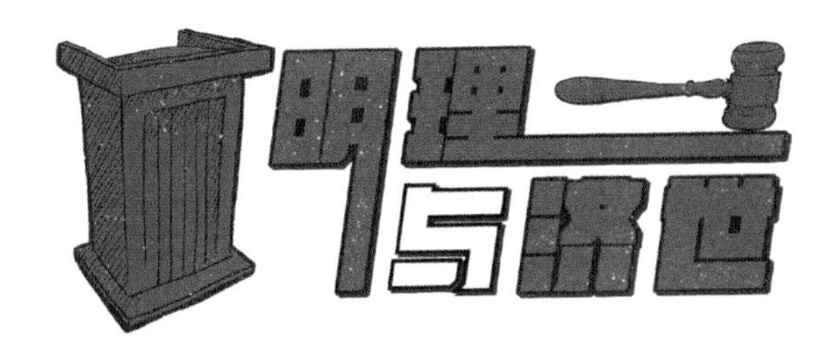

1952年，北京大学、清华大学、燕京大学、辅仁大学四校的法学、政治学、社会学等学科组成北京政法学院；1983年，与中央政法干校合并，组建成立中国政法大学，是中国法学教育的最高学府。

西南政法大学是新中国最早建立的高等政法学府，前身是1950年创建的西南人民革命大学；1953年成立西南政法学院；1995年定名为西南政法大学。

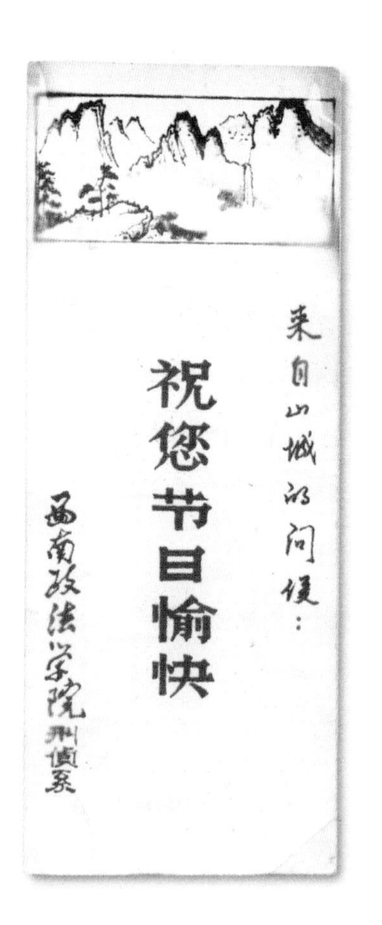

西北政法学院的前身是1937年成立的延安公学；1958年，西北大学法律系调入组建西安政法学院，后改名为西北政法学院、西北政法大学。

中南财经政法大学前身为1948年成立的中原大学。院系调整期间，以中原大学财经学院、政法学院为基础，整合了中南六省高校的优质财经、政法教育资源，于1953年分别成立了中南财经学院、中南政法学院。2000年，中南财经大学与中南政法学院合并，组成新的中南财经政法大学。

1956年，由圣约翰大学、复旦大学、南京大学、东吴大学、厦门大学、沪江大学、安

徽大学、上海学院、震旦大学九所院校的法律系、政治系和社会系合并，成立了华东政法学院；2007年，定名为华东政法大学。

1949年通过的《中国人民政治协商会议共同纲领》中提出，废除国民党反动政府一切压迫人民的法律、法令和司法制度，制定保护人

民的法律、法令，建立司法制度。从20世纪50年代开始，国家又制定了一系列重要的法律法规，1954年中华人民共和国历史上第一部社会主义的宪法——《中华人民共和国宪法》颁布。政法学院参与了国家的立法活动，培养了各类优秀人才，为新中国法治建设做出了贡献。

人们常把政法、财经联系在一起，财经是政法的基础，政法是财经的保障。

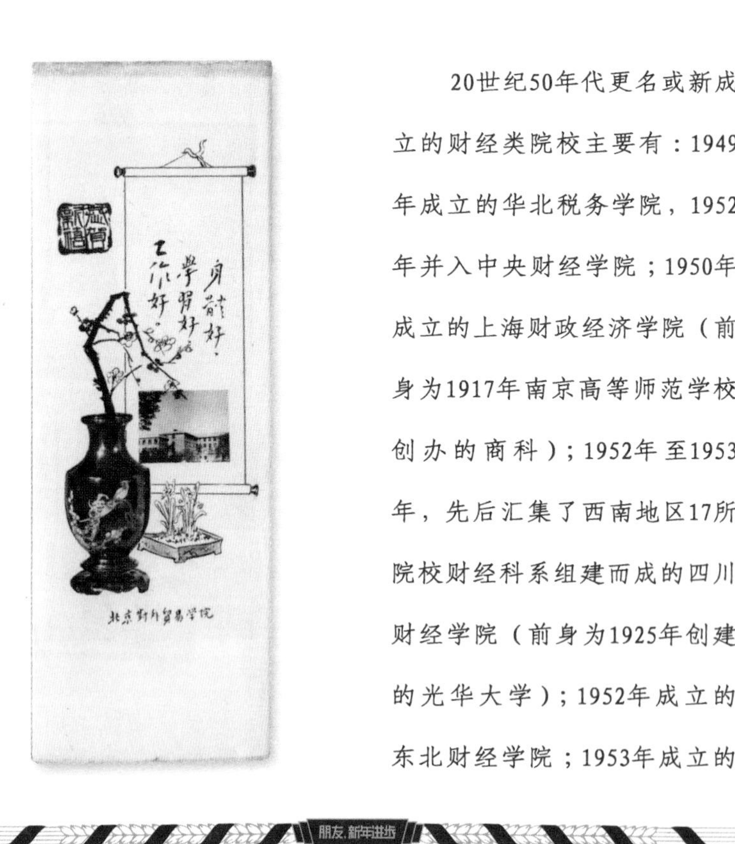

20世纪50年代更名或新成立的财经类院校主要有：1949年成立的华北税务学院，1952年并入中央财经学院；1950年成立的上海财政经济学院（前身为1917年南京高等师范学校创办的商科）；1952年至1953年，先后汇集了西南地区17所院校财经科系组建而成的四川财经学院（前身为1925年创建的光华大学）；1952年成立的东北财经学院；1953年成立的

中南财经学院；高级商业干部学校于1954年更名为北京对外贸易学院。

人们后来常说的中国财经类院校“五财一贸”，分别为中央财经大学、上海财经大学、西南财经大学、东北财经大学、中南财经政法大学和对外经济贸易大学，是培养国家经济学科高尖人才的重要基地、造就中国财政管理专家的摇篮，担负着“经济匡时”的时代重任。

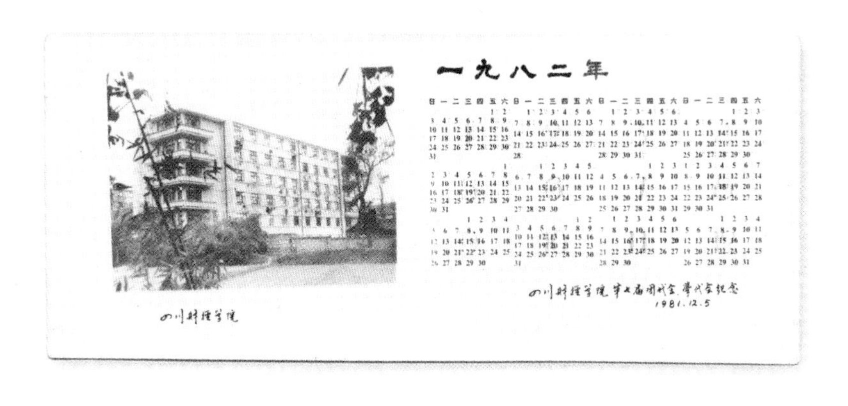

再见母校

恭賀新禧
1963
中央財政金融学院

恭賀新禧
中央財政金融学院

江西財經學院
一九八四年
恭贺新年
恭賀新禧
1965
做革命的接班人！
山西財経学院

1952年至1954年间，中央人民政府陆续创建了华东、中央、中南、西北、东北和西南六所体育院校，被称为“六大体院”，均由国家体委直接管理。

1952年国家体委成立，开始筹建中央体育学院。1952年8月31日，高教部、教育部、财政部、国家体委联合发文，确定以北京师范大学体育系为基础，成立中央体育学院；1956年更名为北京体育学院；1993年更名为北京体育大学。

华东体育学院于1952年成立，由南京大学、金陵女子大学、华东师范大学三校的体育系科组建而成；1956年更名为上海体育学院，2023年更名为上海体育大学。为中华人民共和国成立最早的体育高等学府。

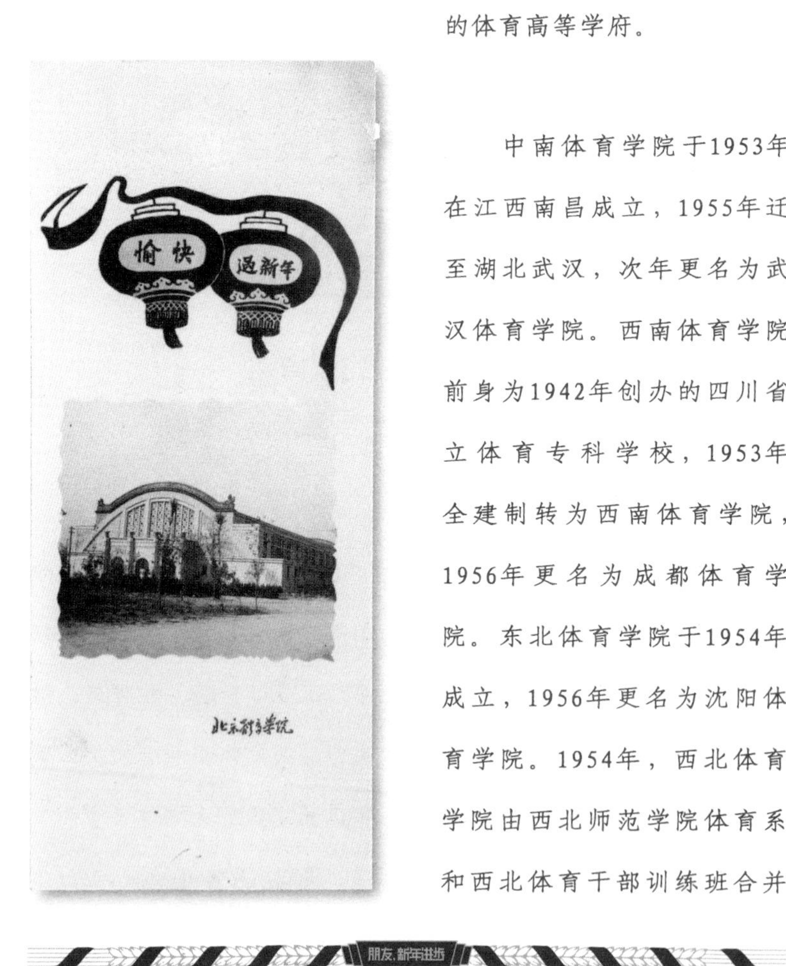

中南体育学院于1953年在江西南昌成立，1955年迁至湖北武汉，次年更名为武汉体育学院。西南体育学院前身为1942年创办的四川省立体育专科学校，1953年全建制转为西南体育学院，1956年更名为成都体育学院。东北体育学院于1954年成立，1956年更名为沈阳体育学院。1954年，西北体育学院由西北师范学院体育系和西北体育干部训练班合并

而成，1956年更名为西安体育学院。

20世纪50年代成立的专门性体育院校还有北京体育学校（现首都体育学院）、天津体育学院、长春体育学院（现吉林体育学院）、哈尔滨体育学院、南京体育学院、广东体育学院（现广州体育学院）和山东体育学院等。

1959年，第一届全国运动会在北京隆重举行。与此同时，体育院校数量也在猛增，1959年全国体育院校已达18所，1960年猛增至29所。

中华人民共和国成立之初，创建体育学院的目标是解决体育师资和体育干部匮乏的现状，没有考虑竞技体育及高水平运动员培养问题。直到1958年，教育部转发国家体委《关于改进体育学院工作的指示》，根据指示精神，体育学院应当是全国培养优秀运动员的重要基地，体育学院应承担培训优秀运动员的职责。此后，随着形势变化，部分体育学院一度停办、撤销，培养优秀运动员的工作也停滞了。

1984年，第23届奥运会在美国洛杉矶举办。中华人民共和国代表队首次出征就取得了15枚金牌、共计32枚奖牌的好成绩，让国人精神大振，世界冠军的明星效应也推动了全民体育健身的热潮。我国竞技体育在随后的发展过程中，逐渐形成了以奥运会为核心的奥运战略，制定和实施了《奥运争光计划》。1984年，中共中央印发了《关于进一步发展体育运动的通知》。之后，在各届奥运会及世界重要体育赛事中，中国代表队涌现出越来越多的世界冠军，他们多数出自体育院校。

再见母校

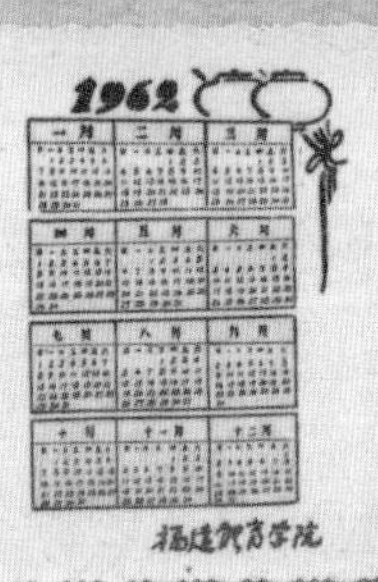
1962
一月
二月
三月
四月
五月
六月
七月
八月
九月
十月
十一月
十二月
福建体育学院

武汉体育学院
新年好
1965元旦

新年进步
1960
南京体育学院

朋友，新年进步

FREINDS HAPPY NEW YEAR

新年好
UNIVERSITY NEW YEAR CARDS

20世纪初期，中国的师范教育遭受了重大阻碍。南京、广州、武汉、成都、沈阳等地的高等师范学校都相继转为或并入普通大学，国内仅存的一所培养中等学校教师的国立北平师范大学，当时也面临着被取消的境地。

中华人民共和国成立之初，文盲占总人口的80%，国家必须要加大对师范类院校的重点扶持。在20世纪50年代的院系调整中，师范院校得以快速发展。1952年，教育部公布了全国院系调整计划，师范学院调整的原则是：每一大行政区必须办好一所至三所，培养高中师资，各省可办专科，培养初中师资等。

早在1951年10月，作为先期试点，以大夏大学和光华大学为基础，同时调进圣约翰大学、复旦大学、同济大学和浙江大学等高校部分院系成立了华东师范大学。

1952年，辅仁大学主体并入北京师范大学。在原南京大学、金陵女子大学等有关院系的基础上，组建了南京师范学院。原齐鲁大学的物理、化学、生物系并入山东师范学院。以原华中大学为主体，集中了中华大学、广西大学、南昌大学、华南师范学院、平原师范学院、湖南师范高等专科学校的师范类专业，组建了华中高等师范学校，次年更名为华中师范学院。南方大学俄语系、岭南大

学教育系、海南师范学院、广西大学教育系等先后并入华南师范学院。

苏南师范学院成立于1952年，同年更名为江苏师范学院。1952年成立的苏北师范专科学校，于1959年更名为扬州师范学院。

1953年，广西大学撤销，以该校文、理各系留下的部分教师及教育师范专修科全体学生为基础，组建广西师范学院。

山西大学、河南大学改为师范学院性质。新建了天津师范学院。

这次院校调整充分考虑了地区分布和特点，增强了地方院校培养师范人才的能力。

1953年，全国师范院校共31所，数量仅次于38所的工业院校。

改革开放后，师范院校迈入新的发展时期。除了原有的北京师范大学、华东师范大学、东北师范大学、陕西师范大学、福建师范大学等，此前的师范学院很多都先后更名为师范大学，为师范人才的培养做出新的贡献。

再见母校

華南師範學院

一九七九年

"新长征"象征性跑纪念

1980

日 一 二 三 四 五 六

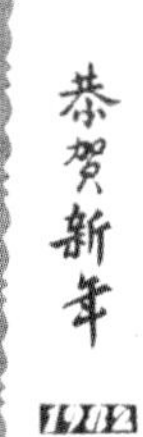

东北师范大学　校部 地理楼

新春进步
1964
河北师范大学

恭賀春禧
昆明師範學院
新年進步
1965
湖南師範学院

恭賀新禧
XINNIAN KUAILE
福建师范学院
1958
浙江师范学院
1964
辽宁师范學院

祝你
新年快樂
西师办公大楼
恭賀新年
山東師範學院
恭賀新年
1963
甘肃师大地理系

校10庆
1954—1964
上海師範学院

新年快樂

河南师范大学

1983
新年好
TCOCK
重庆师范学院
春节好！
1961
四川师范学院
1964
恭贺新禧
一九六四年
北京师范学院

广东师范学院正门
1984
山西师范学院

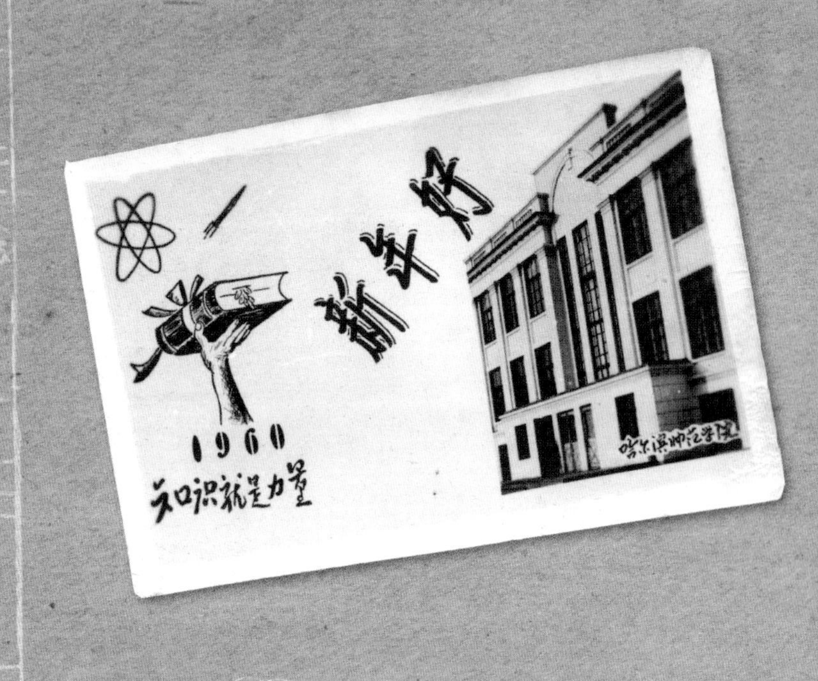
新年好
1960
知识就是力量
哈尔滨师范学院

GOOD LUCK IN THE NEW YEAR, MY FRIEND

南京艺术學院

艺术为人民服务

经过全国高校院系调整，至1953年已确定艺术类的学校有中央美术学院、中央戏剧学院、中央音乐学院等15所。

中央美术学院、中央音乐学院和中央戏剧学院都成立于1949年，三所学校均与华北大学文艺学院（原延安鲁迅艺术学院）有渊源。华北大学三部美术系与国立北平艺术专科学校合并，成立了中央美术学院；戏剧部分与国立南京戏剧专科学校合并成立了中央戏剧学院；音乐系与北平艺术专科学校音乐系及其他音乐机构合并，在天津成立了中央音乐学院，1958年迁至北京。

这三所学院在华东的分院，后来又经过更名，最终成为今天的中国美术学院、上海戏剧学院和上海音乐学院。

华东艺术专科学校于1952年由上海美术专科学校、苏州美术专科学校和山东大学艺术系合并而成，1958年更名为南京艺术专科学校，1959年定名为南京艺术学院。

北京电影学校的前身为1950年创建的中央文化部电影局表演艺术研究所，1951年改名为中央文化部电影局电影学校，1953年更名为北京电影学校，1956年改制为北京电影学院。

1953年，东北音乐专科学校和东北美术专科学校在东北鲁迅文艺学院的基础上分别成立；1958年，东北音专更名为沈阳音乐学院，东北美专改名为鲁迅美术学院。

西南美术专科学校由成都艺术专科学校、西南人民艺术学院的美术、设计类学科合并而成，1959年更名为四川美术学院。西南音乐专科学校是于1953年由西南人民艺术学院的音乐系与成都艺术专科学校合并成立的，1959年升格为四川音乐学院。

西北艺术专科学校于1949年改称为西北军政大学艺术学院；1950年改称为西北人民艺术学院；1953年调整为西北艺术专科学校；1956年音乐系改为西安音乐专科学校，1960年定名为西安音乐学院；1957年，美术系改为西安美术专科学校，1960年定名为西安美术学院。

中南美术专科学校和中南音乐专科学校分别由中南文艺学院、华南人民文学文艺学院、

广西艺术专科学校等院校的美术、音乐科系合并而成。1958年，中南美专迁至广州，中共广东省委批准其更名为广州美术学院。中南音专和武汉艺术师范学院合并成立了湖北艺术学院。1985年分别成立湖北美术学院和武汉音乐学院。

新年好
Xin nian hao
沈阳音乐学院
1963
鲁迅美術學院
一九六三年
恭賀新禧
恭贺新禧
上海戏剧学院

这些学院发展到今天都成为中国享有盛名的艺术类高校，为国家培养顶尖级的艺术人才，创作出一大批反映时代、讴歌人民的经典文艺作品。

与其他院校相比，艺术类院校的贺年片具有独特的艺术气质和风格。为庆祝中华人民共和国成立10周年，20世纪50年代北京建成“十大建筑”，围绕“十大建筑”又进行了室外雕塑和建筑装饰浮雕的创作。鲁迅美术学院贺年片上印的《庆丰收》组雕就是创作成果之一，反映了该校一贯秉承的现实主义创作手法。北京电影学院在画面中绘制电影胶片的造型，胶片上展现各式的电影海报，校名隐藏在胶片内侧，构思巧妙。上海戏剧学院把剧照搬上贺年片。沈阳音乐学院、西安音乐学院的贺年片则表现了音乐会的现场，突出了舞台艺术的特征。上海作为中国动画的诞生地，聚集了一大批动画创作人才。1961年上海电影专科学校的贺年片上就使用了动画元素，此时正值中国美术电影的第一次创作高潮。这些贺年片见证了为人民创作优秀艺术作品的珍贵时刻。

从这些留存下来的贺年片中，不难洞见当时的艺术院校所具有的实力和水平，想到这里，耳边仿佛萦绕着那些激越、悠扬的时代之音。

再见母校

1964 新年好
北京广播学院

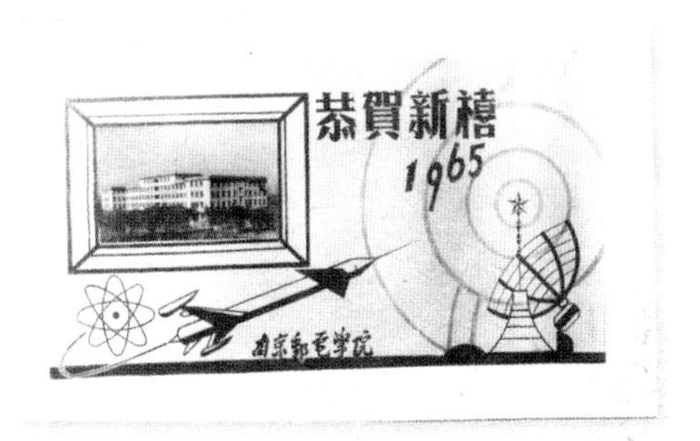

1949年，中央人民政府为了发展人民邮电事业，正式设立邮电部，1949年12月10日，第一次全国邮政会议正式成立了邮政总局，并在北京、南京、重庆和西安重点布局了四所邮电学院。

北京邮电学院，于1955年在天津大学电讯系电话电报通

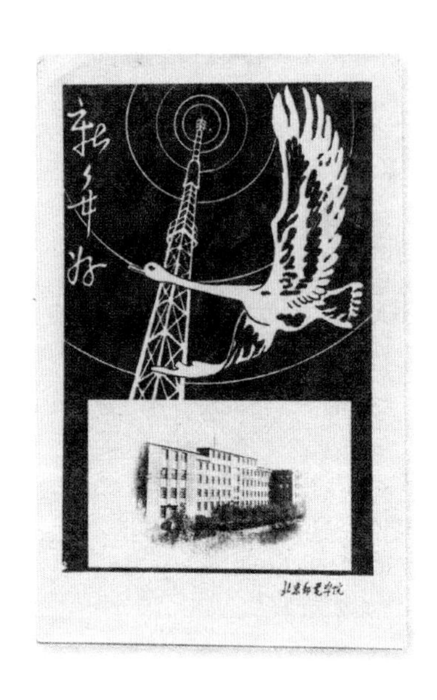

讯和无线电通信广播两个专业及重庆大学电机系电话电报通讯专业的基础上组建而成，是新中国第一所邮电高等学府，1959年北京电信学院并入，1993年更名为北京邮电大学。

南京邮电学院前身为1942年创办的山东滨海抗日民主根据地“战时邮务总局干部训练班”，是中国共产党和人民军队早期系统培养通信人才的学校之一。1954年，学校分为邮电部南京电信学校和南京邮政学校；1958年，南京电信学校改名为南京邮电学院；2005年更名为南京邮电大学。

重庆邮电学院的前身为1950年创办的东川邮政管理局邮政人员培训班，1959年升格为重庆邮电学院，2006年更名为重庆邮电大学。

西安邮电学院前身是1950年成立的陕西和甘肃两省邮电人员训练班，后合并，改称西安邮电学校，1959年更名为西安邮电学院，2012年定名西安邮电大学。

这些大学的贺年片有很强的邮电特色。南京邮电学院的教学楼旁，耸立着雷达。北京邮电学院的贺年片则绘有一只张开翅膀的鸿雁，从直插云霄的信号发射塔边掠过，把“鸿雁传书”的典故和现代科技巧妙融合。

“一个邮戳干邮政”，给老百姓送物“基本靠走”，是邮电不发达时代的真实写照。

1980年7月15日，中国第一封EMS快件是从新加坡寄来的，拉开了中国快递业的序幕。此后，从资本、人才、管理入手，与电商、制造业深度联动，与综合交通体系有效衔接，快递业务产业链不断延伸，中国成为世界第一快递大国。

1998年，国家组建了信息产业部，实行邮电分营。西安电子科技大学、电子科技大学均直属于信息产业部。

西安电子科技大学，源于1931年诞生的中央军委无线电学校；1952年改为中国人民解放军通信工程学院；1966年转为地方建制，改为西北电讯工程学院；1988年定名为西安电子科技大学。电子科技大学原名是成都电讯工程学院，1956年由交通大学、南京工学院、华南工学院的电讯工程有关专业合并组建而成。电子科技和邮电这两类大学，都成为国内电子信息领域高新技术的源头，创新人才培养的高地。在20世纪七八十年代，没有智能手机，也没有快递，电信也不发达，为拨打一个长途电话，在邮局等上几个小时是常态。随着智能时代的到来，中国的高校、科研机构和企业联动，努力赶超世界先进的通信技术。目前我国已建成全球规模最大、技术领先的5G网络。

再见母校

1965
長春郵電學院
吉祥
如意
Changyou

和平
萬岁
南京郵電學院

1963
新年好
1963
1 2 3 4
5 6 7 8
9 10 11 12

新年好
—1961—
内蒙古邮电学校
恭贺新春
成都电讯工程学院

省部共建

中国高校的命名方式大致有三种：其一，冠以“中央”或“中国”；其二，以地理方位和中华人民共和国成立之初所设置的六大行政区命名；其三，以省（自治区）直辖市命名。本章主要讨论以省（自治区）命名的大学建设。

这类学校大多成立时间较早，具有悠久的办学历史，其中一部分来源于清末开办的新式大学堂。

四川大学成立于1896年，前身为四川中西学堂；山东大学前身为1901年创办的省立山东大学堂；山西大学前身为1902年创办的山西大学堂；贵州大学前身为1902年创办的贵州大学堂；湖南大学，前身为1903年创办的湖南高等学堂；兰州大学前身为1909年创办的甘肃法政学堂；河南大学前身为1912年成立的河南留学欧洲预备学校；云南大学的前身为始建于1922年、于1923年正式开学的私立东陆大学；广西大学创办于1928年；安徽大学创办于1928年；吉林大学创办于1946年。

中华人民共和国成立以后，新建或合并成立了一部分大学，如辽宁大学、新疆大学、黑龙江大学、西藏大学、宁夏大学、内蒙古大学等。

这些以省（自治区）命名的大学，几乎都经历过20世纪50年代的高校院系调整，尤其是云南大学、广西大学、湖南大学、河南大学、山东大学、山西大学受此影响较大。

云南大学院系调整后，仅保留文、理两科，共六个系。广西大学于1953年停办，师生及设备、图书资料调整到中南、华南地区的19所大学，1958年恢复重建。湖南大学于1952年奉命撤销，改为中南土木建筑学院。1953年，河南大学和平原师范学院合并，统称为河南师范学院。山东大学分出的科系和其他院校一起组建了10所高校。山西大学建制被取消，文、理两院合并，改称为山西

FRIEND, NEW YEAR'S PROGRESS

新年好！
1963 湖南大学

1964
新年好
廣西大學

恭贺新年

恭賀新禧
安徽大學

欢度元旦
1984
吉林大学

师范学院，工学院、医学院、法学院并入其他学院。1959年恢复山西大学建制。

好在这些大学当年几乎都有自己的专属贺年片，使我们得以看到这些院校发展的痕迹。

湖北大学的历史可以追溯到1930年创办的湖北省立乡村师范学院。中华人民共和国成立以后，又经历了湖北省教育学院、湖北省教师进修学院、湖北师范专科学校、武汉师范专科学校、武汉师范学院等阶段，1984年更名改建为湖北大学。很多人看到20世纪60年代湖北大学的贺年片感到疑惑，其实，1958年由中南财经学院、中南政法学院等院校合并组建的省属湖北大学在1969年已撤销。这两所大学是同名同姓不同宗，没有“血缘”关系。1965年湖北大学的贺年片提示了这一历史。

今天以省（自治区）命名的大学，一部分成为教育部直属的重点大学，还有一部分为教育部和各省（自治区）共建的大学。中华人民共和国成立以来，由中央各部委和地方政府联合办学的模式一直存在，只是2000年以后，各部委逐步退出，由教育部统一管理。这种“省部共建”的办学模式，充分利用各省（自治区）的优质资源，共同打造特色大学，为国家培养人才做出新的贡献。

再见母校

1953
恭賀新年
新年快樂
1963
遼寧大學
LONDON
Merry Christmas
山西大學
外語系團委

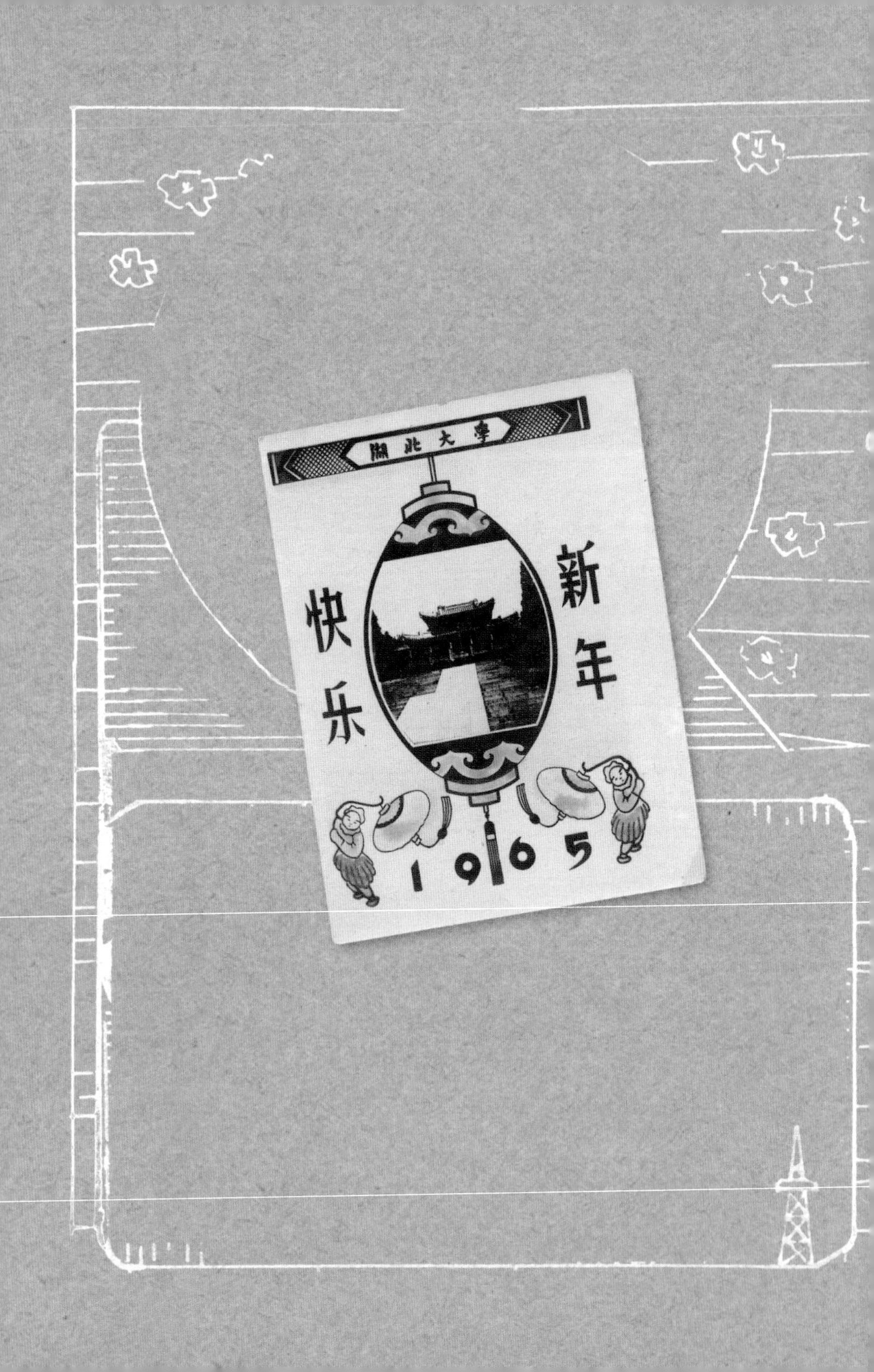

湖北大學
新年
快乐
1965

朋友，新年进步
在民族学院里
光荣摄影图片厂出品
朋友
新年进步
New Year's Greeting Cards

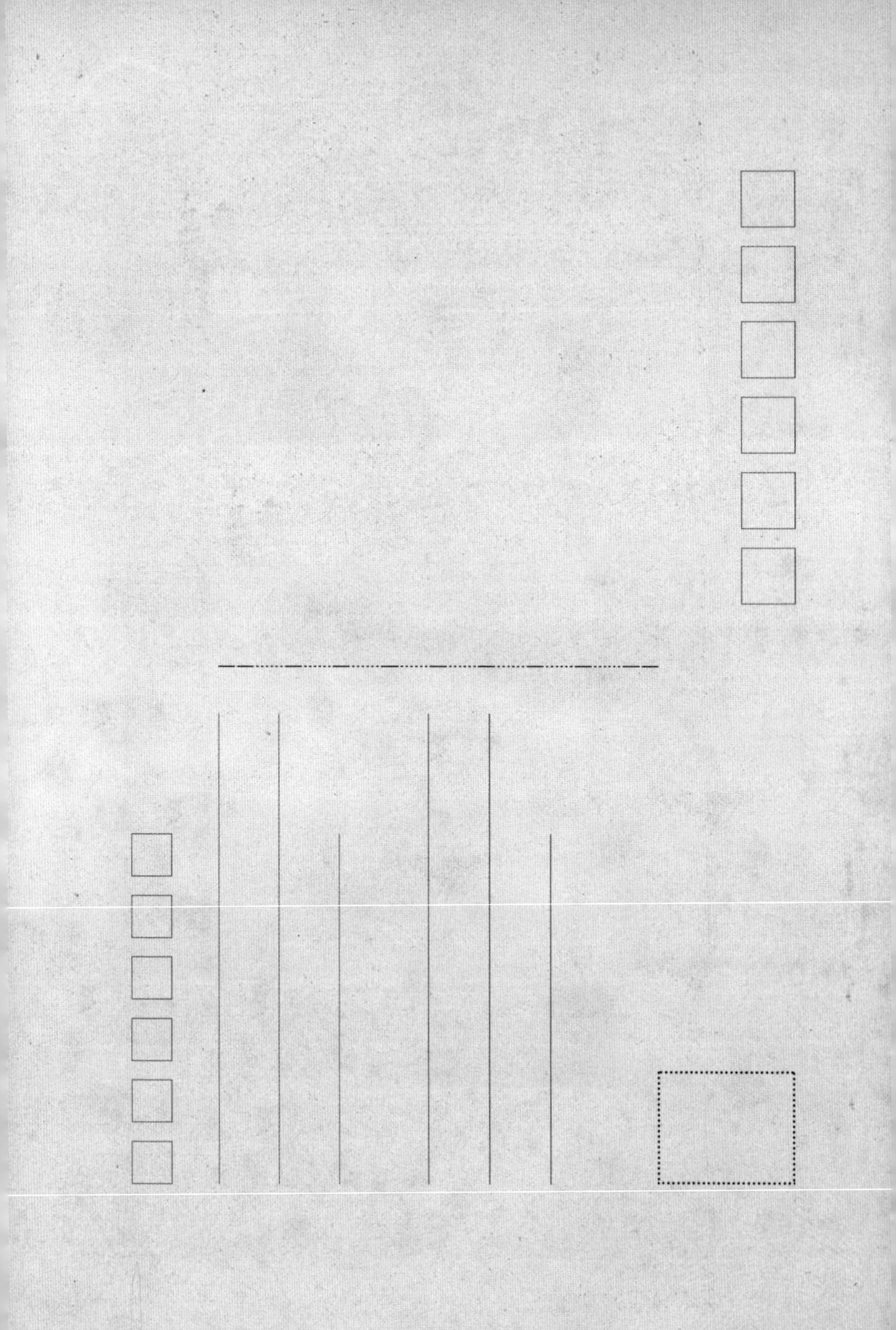

1951年6月，中央民族学院正式开学，时任中央人民政府副主席朱德、政务院副总理董必武出席了开学典礼。

中央民族学院前身为1941年成立的延安民族学院。1950年6月，中央人民政府决定在北京建一所新型大学，抽调了

一批在延安民族学院工作过的同志进行建院的筹备工作。同年11月，周恩来总理主持第六十次政务会议，批准了中央民族事务委员会提出的《培养少数民族干部试行方案》《筹办中央民族学院试行方案》。上述方案中提出，在中南、西南和西北地区各设立一所中央民族学院分院。

从1950年到1958年，我国先后在北京、贵州、云南、广西、广东、青海、西藏等地成立了10所民族学院。

1952年全国院系调整时，清华大学社会学系、北京大学东语系民族语文专科、燕京大学社会学系调整到中央民族学院，之后陆续建立了民族语文系、历史系、政治系等教学科研机构。

西北民族学院是新中国创建的第一所民族高等院校，正式成立于1950年8月。1951年，中央民族学院中南分院成立，1952年，广西分院成立，1952年和1953年分别更名为中南民族学院和广西省民族学院。1951年，贵州民族学院、云南民族学院相继成立。1950年政务院批准在西南建立一所民族

学院，1951年西南民族学院正式成立。

青海民族大学的前身为1949年创建的青海省青年干部训练班；1956年更名为青海民族学院。1957年，广东民族学院成立。西藏民族学院的前身是1958年正式成立的西藏公学，1965年更名为西藏民族学院。

20世纪五六十年代，民族学院的贺年片辨识度很高。学院的建筑具有典型的民族风格，身着不同民族服饰的学生聚集在一起，形成了一道亮丽的风景线。有一张名为《在民族学院里》的贺年片，少数民族青年手持书本，信步于校园里，脸上充满着喜悦和自信。

恭1賀9新6年5

新疆大学

唐代文成公主远嫁雪域，与吐蕃国王松赞干布成婚的故事流传千古，至今仍以戏剧、绘画、民歌、传说等形式在汉、藏民族间广泛传播。文成公主的画像出现在大学贺年片上较为少见，西南民族学院制作的一张贺年片是一个具有创意的作品，其上的文成公主画像既凸显了地方特色，也寄托着不同民族之间友好相处的美好愿景。想必，使用者很喜欢这种创意，在彩色印刷品稀缺的年代，他（她）把那帧黑白贺年片以手工上色的方式处理，还原了人们心中文成公主光彩夺目的形象。

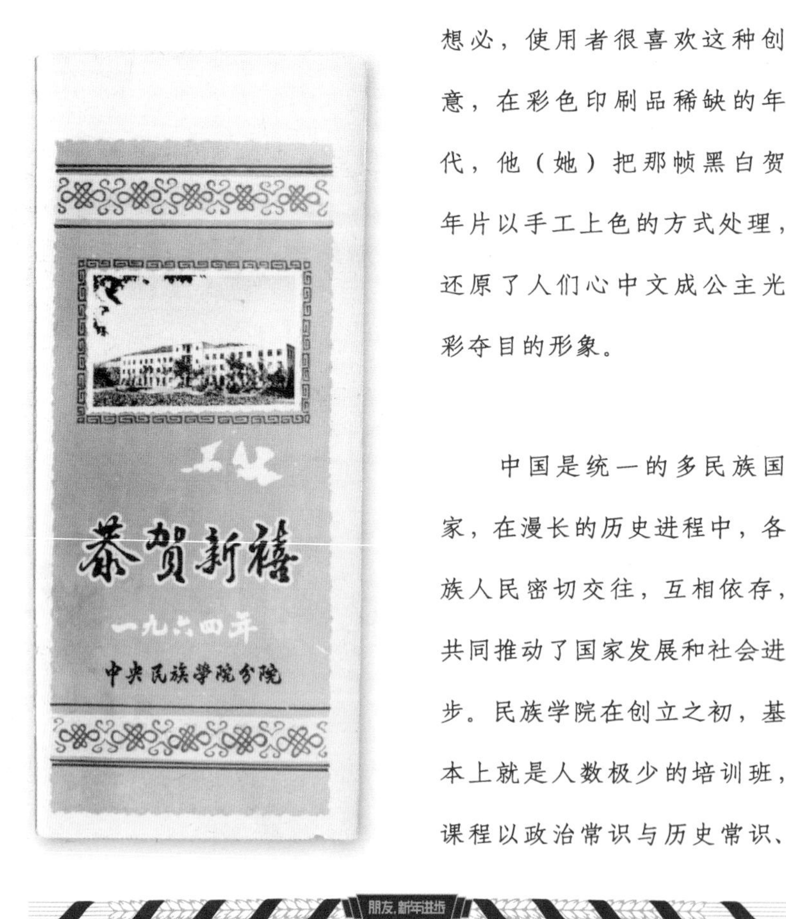

中国是统一的多民族国家，在漫长的历史进程中，各族人民密切交往，互相依存，共同推动了国家发展和社会进步。民族学院在创立之初，基本上就是人数极少的培训班，课程以政治常识与历史常识、

中国概况、中国革命史和民族政策为主，授课和专题报告相结合。民族学院为培养少数民族干部和青年人才做出了杰出的贡献。后来大部分民族学院都升格为民族大学，学科建设得到了长足发展。除了民族学院，我国在少数民族地区还创建了一批综合性大学，如新疆大学、内蒙古大学、延边大学等，这些大学也有民族学、中国语言学、少数民族语言学等特色学科，它们的贺年卡上除汉文外，还使用少数民族文字，体现了各民族文化的相互尊重与融合。

特别值得一提的是，民族大学基本上都建立了自己的民族博物馆，收藏丰富的民族文物、文献典籍、民族服饰、生产工具等，成为学生们研究民族文化、民族理论、民族政策的第二课堂和实习基地。

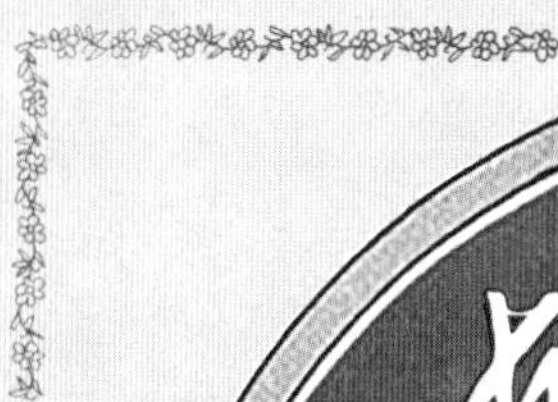

朋友新年进步

NEW YEAR'S GREETING CARDS

NEW YEAR'S GREETING CARDS

在尝試攀登科学的最高峰以前，先要研究科学的基础。

伊凡．巴夫洛夫

北京医学院 1958元旦

HAPPY NEW YEAR

朋友，新年进步

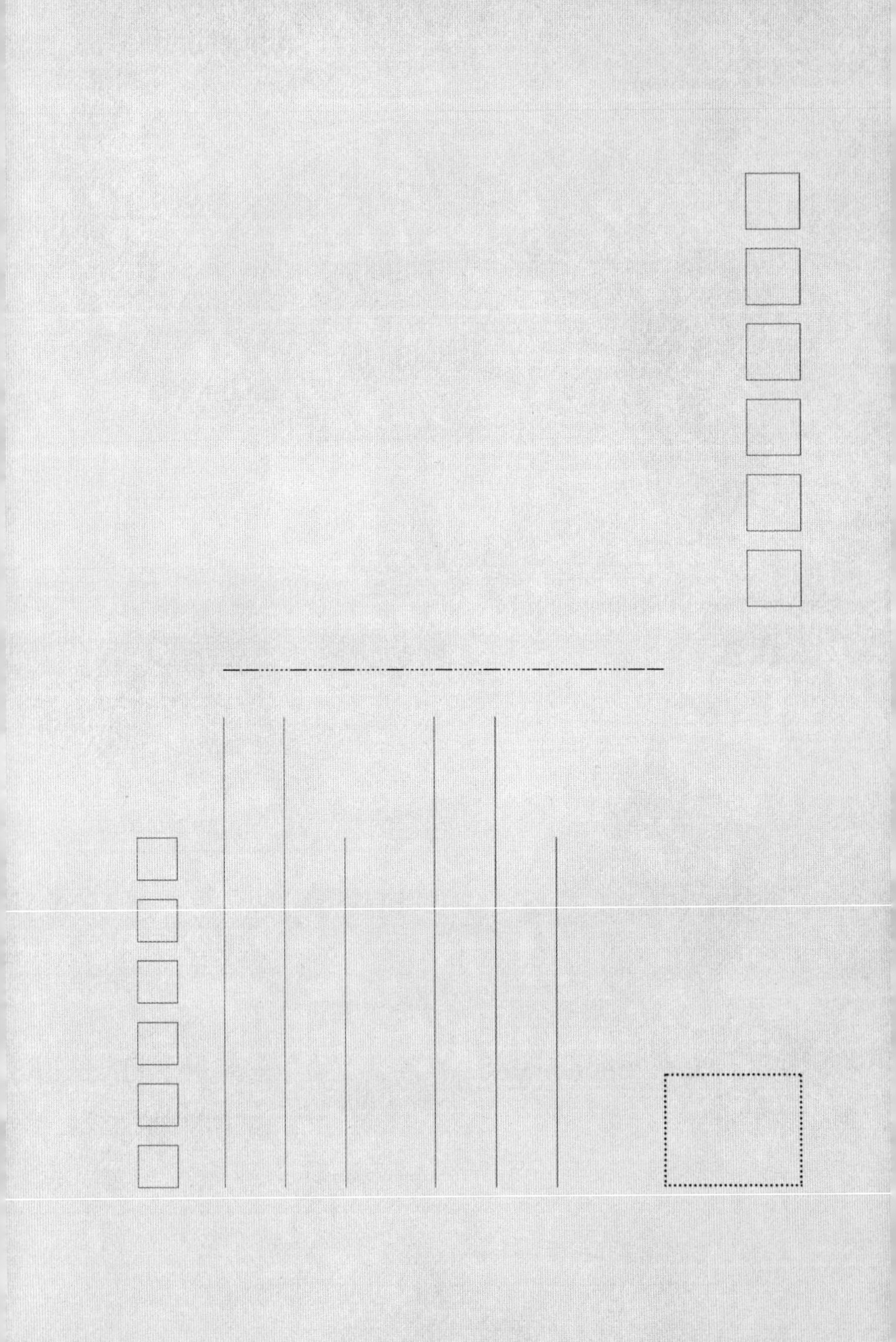

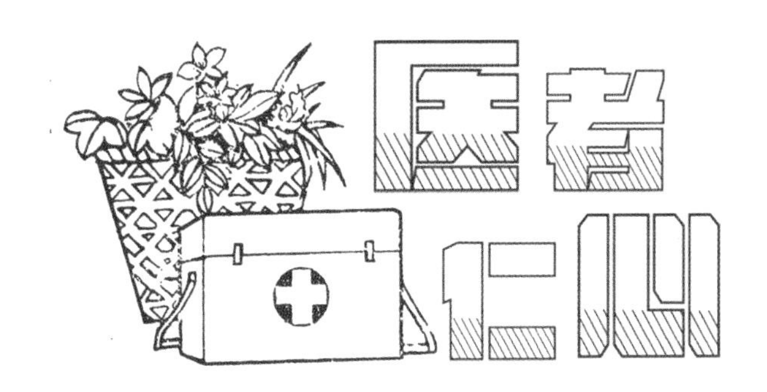

1952年，北京大学医学院独立建院，更名为北京医学院，并在海淀区学院路安家落户，拉开了医学类高等院校调整的序幕。

同年，上海医学院和浙江大学（理学院药学系）、浙江医学院（药学专修科）等校合并，更名为上海第一医学院；圣约翰大学医学院、震旦大学

医学院、同德大学医学院合并成立上海第二医学院；浙江省立医学院和浙江大学医学院合并成立浙江医学院；齐鲁大学建制被撤销，其医学院与华东白求恩医学院、山东省立医学院合并成立山东医学院；中国医科大学药学院改名东北药学院（现为沈阳药科大学）。

1953年，中山大学医学院与岭南大学医学院合并成立华南医学院，后改名为广州医学院、中山医学院；湘雅医学院更名为湖南医学院；华西大学更名为四川医学院；山西大学医学院独立建校，更名为山西医学院；1954年，兰州大学医学院独立建校，更名为兰州医学院。

在此前后，还有整体外迁的医学院。1950年，同济大学医学院迁往武汉，与武汉大学医学院合并为中南同济医学院，1955年更名为武汉医学

新年好！1963

湖南医学院

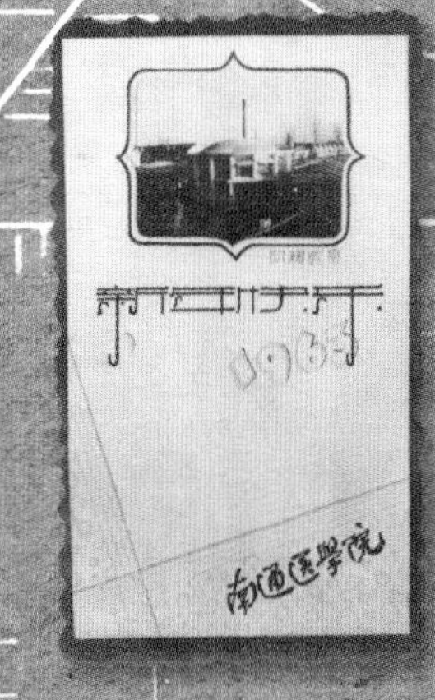

恭賀

新春

1958元旦

院；1957年，南通医学院迁往苏州，更名为苏州医学院；1969年，大连医学院迁至遵义，成为贵州医学院；等等。

以上大多数医学院有着大学医学院的血脉，2000年以后，它们又回到大学的怀抱。

一般而言，现代医学是指随着科学技术的发展，建立在解剖学、生理学、细胞病理学、药理学、护理学、诊断学等基础上的现代医学体系。中国最早的医学院成立于19世纪中叶，经历了西方医学的传入，现代医学体系的初创、建立与发展、改革与完善几个阶段。1953年，经过全国院系调整，医药院校有29所，数量仅次于工科和师范类院校，和农林类院校相同。

医学院贺年片数量多，也有特色。北京医学院的一张贺年片上印有俄国生理学家伊凡·巴夫洛夫（现译为伊万·彼得罗维奇·巴甫洛夫，1849—1936）的肖像，还有一段富有哲理的名言，体现了当时对这位首次获得诺贝尔生理学或医学奖的俄国科学家之景仰。大连医学院贺年片则绘有松鹤，松鹤在中国传统中是长寿的象征，大连医学院的贺年片中采用传统祥瑞图案，体现了医学院的人文气息。

中医高等教育起步较晚。1955年，中医研究院成立，周恩来亲笔题词——发扬祖国医药遗产，为社会主义建设服务。1956年，国家卫生部会同教育部批准成立了四所中医学院，分别是北京中医学院、上海中医学院、广州中医学院、成都中医学院。随后，黑龙江、福建、辽宁、陕西、湖南、湖北、天津等地中医学院相继成立。如今，全国已有四十多所中医药大学，构成了独具特色的现代中医高等教育体系，为中医事业的发展提供了强有力的人才保障。

中医、中药是中华民族的文化宝藏，在漫长的历史进程中形成丰富的典籍文献，产生了为世人所颂扬的医祖、医圣。张仲景、李时珍的画像也被印在贺年片上。

2020年，武汉因突发新冠疫情而封城，全国32支医疗大军速发武汉。“东齐鲁、南湘雅、西华西、北协和”齐聚，中、西医在这里会师。多学科联合攻关，中、西医结合救治，西医的科学手段和中医的独特疗法相结合，汇成了全国抗疫指南。医者仁心，四万多名医护人员怀着对生命的敬佑，舍生忘死，争分夺秒，让疫情肆虐的武汉得以重生，创造了人类同疾病斗争史上又一英勇壮举。

再见母校

恭賀新禧
北京
第二醫學院
發揚祖國醫藥遺產，為社會主義建設服務
周恩來
1959
沈阳药学院

恭賀新禧
湖北醫學院

祝您进步
中國醫科大學
一九八二元旦

恭賀新年
廣西醫學院

新年好
1964
哈爾濱醫科大學
新年快樂
武汉医学院
新年好
1964
安徽中醫学院

恭賀新禧
1963
福建中医学院 賀
祝您
新年进步
吉林医科大学

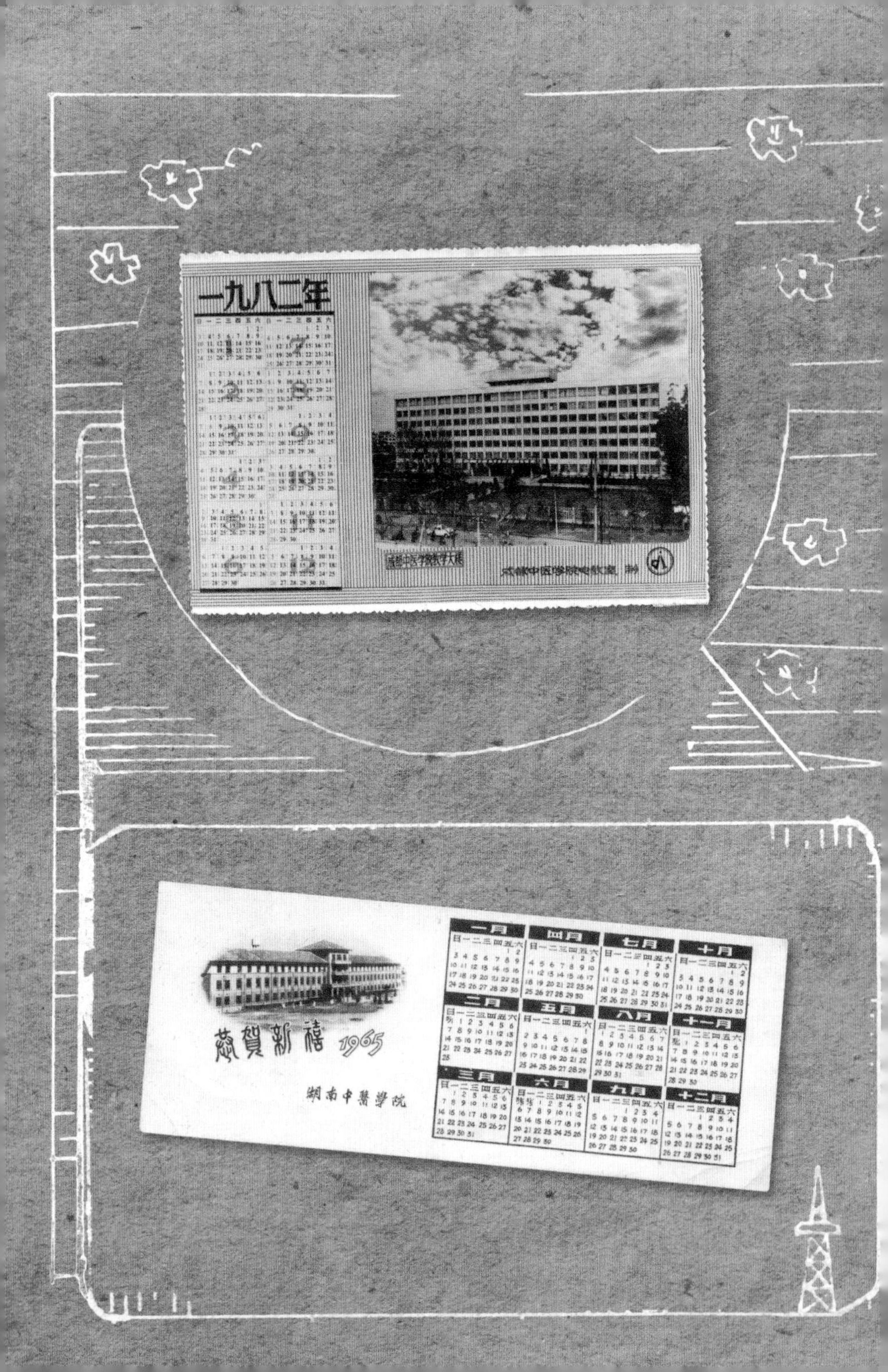
一九八二年
成都中医学院教学大楼
成都中医学院电教室 制
恭賀新禧 1965
湖南中醫學院

新年好
一九六四年
广州中医学院
恭贺新禧
白求恩医科大学

恭贺
新喜
河北医学院

1964
新年好
新疆医学院

★★★ Happy New Year ★★★

С Новым годом!

恭賀新年

1957

哈尔滨外国語学院

朋友，新年进步

1953年年底，经过全国高校院系调整，外语类学校有八所，即北京俄文专修学校、北京外国语学校、哈尔滨外国语专科学校、沈阳俄文专科学校、西南俄文专科学校、新疆俄文专科学校、西北俄文专科学校和上海俄文专科学校。

北京俄文专修学校前身为1941年成立于延安的中国抗日军政大学三分校俄文大队；1949年发展成为北京俄文专修学校；1955年改名为北京俄语学院；1959年与北京外国语学院合并，1994年更名为北京外国语大学。

哈尔滨外国语专科学校的前身是成立于1949年的哈尔滨外国语专门学校，1956年改名为哈尔滨外国语学院；1958年，以此校为基础，成立黑龙江大学。

1952年，上海俄文专科学校东方语言文学系师生并入北京大学，只设俄语专业，后来改名上海俄文专科学校；1956年6月正式改名为上海外国语学院。

沈阳俄文专科学校是一所在抗美援朝战争时期为军方培养翻译人才的专修学校，成立于1950年，后来改名为沈阳俄文专科学校，1958年并入辽宁大学。

西南俄文专科学校前身为1950年成立的中国人民解放军西南军政大学俄文训练团，1953年改为西南俄文专科学校，1959年改为四川外语学院，2013年更名为四川外国语大学。

西北俄文专科学校于1951年由兰州大学文学院俄文系，

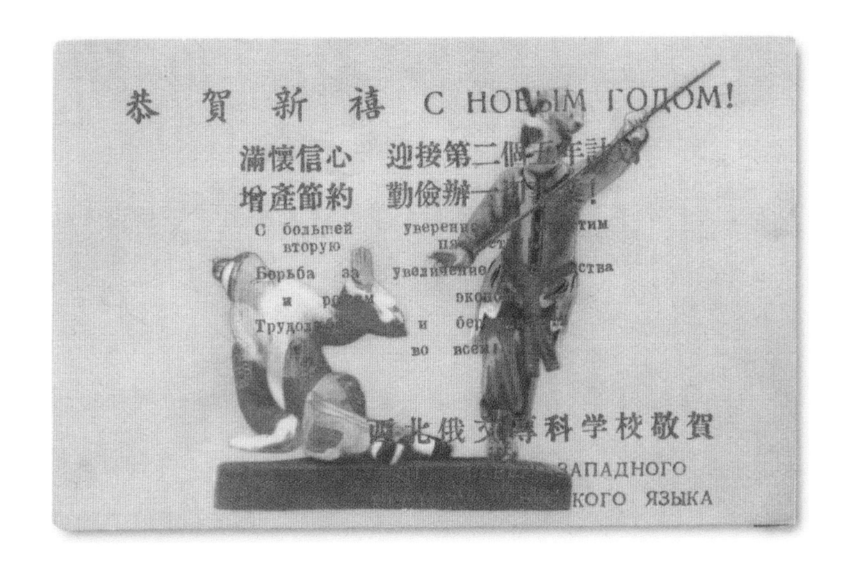

西北大学外国语文系俄文组、俄文专修科合并组建。1958年更名为西安外国语学院，2006年更名为西安外国语大学。

1949年6月，华北大学二部外语系30余人与中央外事学校合并，中央外事学校更名为外国语学校，1954年更名为北京外国语学院，1994年定名为北京外国语大学。

为何这一时期外国语学校几乎都是俄文专业，学校又是如何教学的？我们从1954年编印的《上海俄专——新型的俄文专科学校之一》中可以找到一些信息。

这本小册子中提到毛主席在中国人民政治协商会议第一届全国委员会第四次会议闭会前的指示节录：“我们面前的工作是艰苦的，我们的经验是不够的，因此，要认真学习苏联的先进经验……我们要在全国范围内掀起学习苏联的高潮，来建设我们的国家。”

小册子中还有政务院关于全国俄文教学工作的指示，规定俄文专科学校的任务是培养翻译干部（约占70%）和一部分俄文教师（约占30%），学制三年，要求学生掌握基础俄语，翻译班一般不设专业课。

至1954年，上海俄专的学生超过2000人，毕业生已有975人，主要分配在国家重工业建设部门工作，如燃料、地质部门和鞍钢、长春汽车厂等，其他高校如北京钢铁学院、上海交通大学等，也为国家经济建设做出了贡献。

另外，在一张哈尔滨外国语学院校庆纪念卡上，印有被认为出自马克思的一段话：“俄语是一种最有力、最丰富、最活泼的语言”，这些都反映了当时学习俄语的热潮。

外国语高校的贺年片形形色色，如北京外国语学院的法文贺年片、西北俄文专科学校的俄语贺年片。由此可见，大学贺年片成为国际交流、传播友谊的一种途径。除了外国语学院，当时其他高校也有聘请外教，比如，在一张唐山铁道学院的贺年片上，有手绘图案和俄文手写文字。笔者特意请教了一位生活在武汉的俄罗斯艺术家巴沙，据他翻译，贺年片最上方写的是“新年快乐”，中间一长串文字为“唐山铁道学院”，下方落款是“Chen Si Sen”和“Lo Ko Son”。巴沙从用名习惯和略显稚嫩的字体推断，应该是该校学生送给俄文老师的新年贺卡。

今天，我们从北京外国语大学官网上，可以看到学校目前的发展状况：“秉承延安精神，坚持服务国家战略，目前已开齐与中国建交国家的官方用语。”

再见母校

后记

本书首次将中国高校贺年片这一时代产物的图像结集成册，希望能为专家学者研究中国高校的时代变迁和独特的文化现象提供实物资料，能作为青年学生了解母校的可视化的读物。随着高校改组、改名、搬迁，一些大学的建筑、校名的消失，这些留存下来的影像更显珍贵。

在此，首先要感谢那些贺年片的制作者，特别希望能通过这本书的出版发行，和他们取得联系，当面聆听他们讲述照片背后的故事，表达诚挚的谢意。感谢广西师范大学出版社为本书付梓所做的努力。感谢设计师团队的努力工作，让本书得以精彩呈现。感谢顾铮、杨小彦、冯克力、王璜生、唐克扬等诸位老师对本书的指导与推荐。

书中学校的基本信息来源于相关学校的校刊、校史和官方网站，部分引用了一些专家、学者的观点和数据，在此，一并致谢。

需要说明的是，还有一些大学的贺年片未能列入书中，主要是此类材料或缺失，或因稀少而难以构成独立的章节，笔者对此也甚为遗憾。期盼读者朋友可以提供关于此类贺年片的资料和线索，日后我们将可加以完善。

亲爱的读者朋友，当您见到此书时，新年的钟声应该敲响了。本书的筹备和写作是在新冠疫情中度过的，和许多朋友一样，我们也经历过疫情袭来的惶恐、亲人离别的痛楚和预期不明的焦虑。疫情结束后，我们的生活又回到了正轨，书名“朋友，新年进步”既契合贺年片题材，更是对朋友们的祝福：祝大家新年安康、吉祥、快乐、进步！

刘宇 潘妍

2024年10月于武汉

朋友，新年进步
PENG YOU, XIN NIAN JIN BU

出版统筹：冯　波
责任编辑：谢　赫　张尧钦
责任技编：王增元
营销编辑：李迪斐　陈　芳
图片提供：刘　宇
书籍设计：袁小山
排版设计：宋慧军　罗舒畅（朗丁品牌咨询）

图书在版编目（CIP）数据

朋友，新年进步 ：贺年片上的中国大学 ：1952—1988 / 刘宇，潘妍编著. -- 桂林 ：广西师范大学出版社，2025. 1.
ISBN 978-7-5598-7446-7

Ⅰ. TS951.5

中国国家版本馆 CIP 数据核字第 20243WS074 号

广西师范大学出版社出版发行
（广西桂林市五里店路 9 号　邮政编码：541004
网址：http://www.bbtpress.com）
出版人：黄轩庄
全国新华书店经销
桂林广大文化发展有限责任公司印刷
（广西桂林市中华路 22 号　邮政编码：541001）
开本：889 mm × 1 194 mm　1/32
印张：12　　字数：300 千
2025 年 1 月第 1 版　　2025 年 1 月第 1 次印刷
定价：128.00 元